14歳のための
宇宙授業

相対論と量子論のはなし

佐治晴夫
Haruo Saji

春秋社

Preface

まえがき

私たちの宇宙は、今から138億年のとおい昔に、「無」もないとしかいいようのない状態から、突如、かぎりなく熱く、かぎりなくまばゆい一粒の光として爆発するようにして誕生しました。そして光のしずくは星となり、星は、光りかがやく過程で、私たちの命をふくめたすべての材料を生みだしました。だから、あなたも私も、すべて「星のかけら」です。大きな宇宙と、そのなかに含まれるすべてのものをつくる素粒子たち、その間に、私たちがいます。あえて言えば、宇宙は、かつて自分の姿をみることができませんでしたが、138億年という長い時間をかけてつくった私たちの目をとおして、今、ようやく、自分の姿を見るまでに成長したといってもいいのかもしれません。

さて、この本は、現代宇宙論を支える二本の大きな柱である相対性理論と量子論の間からかいまみた自然のスケッチのようなものです。宇宙授業という表題にはなっていますが、これは、私たち「星のかけら」が、じっと耳をかたむけていると、かすかに響いてくる広大無辺な宇宙とそれらをつくっている小さい素粒子からのメッセージをお伝えするものです。つまり、自然科学の本というより、宇宙の物語として読んでいただければ結構です。ですから、数式の苦手な方は、それを詩の一部だと思って、読みすすめていただいても一向にさしつかえありません。純粋な科学書のような厳密さより、宇宙を感じていただける物語になるよう、親しみをこめて一年間にわたって書き綴った手紙の形式をとっていて、各章は、読みきりの形になっており、独立していますから、どの章から読み始めても結構です。そして、各章の間には、重複した話題もふくまれていますから、復習を兼ねて、全体を通して読んでいただくことにより、理解をよりいっそう深めることには役立つかもしれません。

　ところで、ピアノを聴く楽しみは、ピアノを弾いたことがない人たちにもひらかれています。でも、少しだけピアノにふれて小さなソナチネくらいを弾いてみると、また、違った感覚でピアノ音楽を楽しむことができるようになります。自然科学だって同じです。ややこしい数式や理論がわからなくても、直接、感性に訴えかけるような物理学や数学のやさしい言葉の窓を通してならば、自然の不思議さや美しさをかいまみることはできるでしょう。だから、この本は宇宙論のソナチネ！

　そして、巻末のノートは、いつの日にか、ソナチネからソナタへのパスポートになるための参考としてつけたものです。

それでは、しずかにページをめくってみてください。
聞こえますか？　宇宙論のソナチネ……。

2016年初夏、
星降る北の国のアトリエにて

佐治晴夫

STEINWAY

★

14歳のための
宇宙授業

目　次

第2章 素粒子・この小さな宇宙 …… 91

第3章　宇宙・素粒子・わたしたち

本文写真提供　佐治晴夫

14歳のための宇宙授業

相対論と量子論のはなし

★

第 1 章

宇宙・不思議ないれもの

January

1月の便り

うつろいゆく自然に宇宙をみる

研究室の窓ごしに、白く雪をいただいた遠い山並みが1月の陽の光の中で輝いているのが見えます。春は山の頂にふり注ぐ陽の光の中にまず訪れるというけれど、雪に映る光と影をみていると冬のさなかにもひそやかな春の前ぶれがわかります。

「春暮れてのち夏になり、夏果てて秋の来るにはあらず。春はやがて夏の気を催し、夏よりすでに秋は通ひ、秋はすなわち寒くなり、十月は小春の天気、草も青くなり梅もつぼみぬ……。」（徒然草）

これはうつろいやすい人の世と同じように、自然もまた刻一刻と変化して、けっして足ぶみをしたり、ある日突然に変わるものではないと語っているのだろう。春夏秋冬はそれぞれ重なりあい、混ざりあい、部分と全体が渾然一体となって四季という世界をつくっているということなんだね。

自然と人間を分けずに、1つの漠とした‘全体’としてとらえようとする鋭い自然観。これはいかにも東洋的だ。しかし、これが現代の最先端をいく素粒子物理学や宇宙物理学が解き明かしてきた自然の姿と似ている！　といったらおどろくかな？

‘全体’としてとらえてみる——たとえば時間と空間について考えてみよう。

近代物理学の基礎を築いたニュートン力学では、物質を入れる空間といういれものとはまったく無関係に時間というものがあり、それは過去から未来に向けて一様に流れてゆく、と考えていた。しかしね、ちょっと考えてほしい。もし「あなたのお家、駅から遠い？」って聞かれたらなんて答える？　おそらく「そうね、歩いて10分くらい。車だったら2、3分てとこかしら。」って答えるだろう。そう、これは駅から家までの距離という‘空間的なへだたり’を‘時間という尺度’で計ってしまったんだね。それから、その逆もある。「そろそろ汽車はとなりの駅に着くころかな。」これは‘時間的なへだたり’を‘空間の尺度’で計ったんだね。こんなことからも、時間と空間はまったく別の次元のものではなくて、なにかお互いにまざりあっているのではないだろうかという気がしてくるね。じつは、このことをはっきりと数学の言葉を使って示したのが、アインシュタインの相対性理論なんだ。

自然を人間の心からきりはなすことによって分析してゆこうとする自然科学は西欧の風土の中で生まれた。その中でもとくに物理学は、万物を原子、分子のレベルにまでひきもどして考えようとする傾向が強かったために、人間の心とはおよそかけはなれたものだと思われていた。ところがその最先端にある「相対性理論」が示した自然観は、それまでの西欧的感覚とは非常に違っていて、おどろくべきことにすべてを'1つの全体'としてとらえようとする東洋的自然観に近いものだった。アインシュタインの理論が、今までの自然科学の枠をこえた哲学であるともいわれる由縁だね。これからその話をしていこう。

宇宙の話をしよう。宇宙はけっして無限じゃない

この季節にはめずらしい夕映え。白銀色のヒコーキ雲がひとすじ、その横には夕星が光り始めている。地球のすぐとなりの星、金星だ。やがて全天一明るい、'シリウス'が輝き始めると、それにさそわれるかのように、オリオンの星ぼしが浮かびあがってくる。美しい冬の夜の光のファンタジー。

ところで、どうして星は夜にならないと見えないんだろう？　それは遠いところから旅してくる星の光があまりに弱くて、昼間は太陽の光にかき消されてしまうからだね。ではどうして夜は暗いのかな？　おそらくはるか昔から、多くの人々はこの素朴な疑問に答えようとしてきたにちがいない。しかし、地球が太陽のまわりを公転しながら自転し、地球の片側が太陽と反対側にあれば太陽の光はさえぎられて夜になることがわかったとき、人々はこの疑問を忘れさってしまっ

た。ところが、この‘夜がある’という**あたりまえのこと**に疑問をもった天才がいた。それは19世紀ドイツの天文学者H. オルバースという人だ。彼は、「空には星がある。この星空はどこまで続いているのだろう？　もし、どこまでも続いていたとしたら、空はとてもまぶしくなって星なんか見えないんじゃないか？」と考えた。

もうすこしきちんと話そう。話をわかりやすくするために、大ざっぱにみて宇宙には、星がほとんど一様にばらまかれていると仮定しよう。そこで、自分を中心にしていく重にも宇宙の中に球面を描いたと想像してごらん。球面の半径を２倍にすると、その球面上にある星までの距離が２倍になるということだから、そこにある星からくる光の強さは中心に届くときには４分の１に弱まってしまう。光源からの距離が２倍になると、光は４倍にひろがって明るさは４分の１になるわけだね。ところが、半径が２倍になると、球面の面積は４倍になるから、その球面上にある星の数も４倍になる。星の明るさは減っても数がふえるから近くの空でも遠くの空でも空のみかけの明るさは変わらない。そこで、もし星空がどこまでも続いていたとしたら、星の光を無限にたしあわせることになるから、空は無限に明るくなってしまうわけだね。これはおかしい。夜がなくなってしまう。これは「オルバースのパラドックス」として1826年に発表されたものだけれども、星空が私たちを中心にしてみたときに、限りなくどこまでも続いているものではないらしい、すなわち宇宙のひろがりには限りがあるらしいことを示唆しているんだね。(➡ノート1)「夜が暗いためには宇宙は有限でなければならない」ということだ。

膨張する宇宙

さて、もう1つ重大な発見について話しておかなくてはならない。1929年、アメリカの天文学者E. P. ハッブルが、私たちの銀河系の外にある銀河を調べていたときに、遠くの銀河ほどより速い速度で私たちから遠ざかっていて、その速度は、私たちからの距離に比例しているということに気づいた。つまり宇宙は膨張しているということで「ハッブルの法則」とよばれている。これはたいへんな発見だった。

たとえばゴム風船に一様な間隔で水玉模様を描いてふくらませてみよう。ある1つの水玉模様を中心にして考えれば、

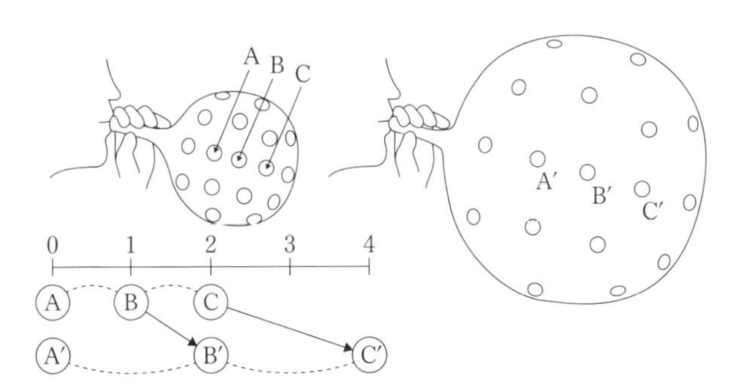

どの点も、同じ割合の間隔で離れていく。しかしAを中心に考えてみると、Bは元の位置からB'、CはC'に移動している。つまり遠い場所の方がより多く動く、すなわちより速いスピードで遠ざかる。

そこからの距離が離れている水玉模様ほど、より速く遠ざかっているように見えるだろう。

しかも、中心として考える水玉模様の位置はどこであってもよくて、どの水玉模様を中心に考えても、まわりの状況（じょうきょう）は同じに見えてしまう。このことから、「宇宙は一様にふくらんでいて、どこを中心にして考えても、周囲の状況はまったく同じである」ということがわかるね。しかも、宇宙が膨張しているとすれば、遠くの星ほどより速く遠ざかっているのだから、その星から放たれる光のエネルギーは、膨張運動によって失われ、我々のところに到達するまでには、より弱められてしまって、‘暗い夜’を考えるのに、いっそう都合がよくなるんだね。だが、最近の観測によれば、膨張のスピードが、加速していることもわかってきた。その原因は、宇宙誕生直後の急膨張の名残りかもしれないし、あるいは、最近わかったことだが、宇宙空間を満たしている謎のダークエネルギー（暗黒エネルギー）ともいわれている。しかし、そのことを考慮に入れないでも本書の論点には支障ないのでここでは考えないことにしよう。**（➡ノート２）**

ところでハッブルの法則によれば、我々を中心にして宇宙をみたときに、我々から遠くの銀河たちが遠ざかってゆく速度は、そこまでの距離に比例するわけだから、いずれはそのスピードは光の速度になってしまう。ところが、光のスピードで我々から遠ざかっている星からでてくる光は、動く歩道の上を、歩道が動く方向と反対むきに、その速さと同じ速さで歩いているようなもので、我々のところにはいつまでたっても到達することはできない。これを‘宇宙の地平線’とよんでいて、その距離はおよそ 138 億光年だ。**(➡ノート 3、ノート 4)**　これより先のことは、我々の認識の限界をはるかに越えているので、‘わからない’としか、いいようがない。つまり、今、認識することができる宇宙のひろがりは、138 億光年だということになるんだね。

このようにして、「オルバースのパラドックス」と「ハッブルの法則」からの結論は、「宇宙は膨張していてその広がりは有限である」ということになった。

夜も更けたようだ。中天にかかったオリオンの星ぼしが、窓際の枯木にふるえながら美しくなっている。星のなる木。なにか詩でも書けそうだね。それでは、おやすみなさい。

February

2月の便り

宇宙には始めがあった。そして始めには無もなかった

家から持ってきた雪割り草が、今朝(けさ)かわいらしい花を1つ、つけていました。立春を過ぎても寒い日が続いているね。

この前、宇宙はふくらんでいることを話したけれど、‘ふくらんでいる’という過程を逆にたどるとどうなるんだろう？　宇宙はどんどん小さくなって、あるときには点のように小さかったということになってしまうね。その「あるとき」こそ宇宙の始まりで、今から138億年前であることが推測できる。

宇宙に‘始め’があった。これは大変なことだと思わないかい？　なぜなら、始めがあれば、終りがあるかもしれないし、始めの前は一体どうなっていたのか、などと考えたくもなるし……。我々の人生でもそうだね。出会いという始めがあったからこそ、その後の人生のドラマが生まれる。私と君との出会いも考えてみれば不思議なできごと！　この広い宇宙の中で地球という同じ場所をえらび、同じ時代のあるときをえらんで私は君と出会ったのだから……。

この‘始め’の問題は人類の歴史始まって以来、ずっと人々の心の中で熱く燃え続けて神話や宗教を生み、それはやがて科学へと展開していった。

旧約聖書の一番初めにはこう記されている。

「はじめ神は天と地とを創造された。地は形なく、むなしく、闇が淵のおもてにあり、神の霊が水のおもてをおおっていた。神は、『光あれ』と言われた。すると光があった。神はその光をみて、良しとされた。」ここでは神が始めに存在したといいきることで宇宙が始まる以前の一切の疑問を消し去っている。

もう１つ、紀元前1000年以上も前に書かれたインド最古の本『リグ・ヴェーダ』を見てみよう。

「そのとき、無もなかった。有もなかった。空界もなかった。それをおおう天もなかった。」

ここでは‘有’がない、というのならともかく、‘無’もない、というところから始まっている！　‘無’と‘ない’という否定をつみかさねてすべてを消してしまった上で、真の宇宙開闢を語ろうとしているんだね。すさまじい表現だとは思わないかい？　つまり神のような創造主でなく、何かわからないけれどもより根源的な宇宙それ自身の基本原理そのものから宇宙の創生を考えようとしている。

宇宙の始めの話にもどろう。膨張宇宙の経過を逆にたどれば、始めはとても小さな領域に、宇宙の一切のものが閉じこめられていたということになる！　宇宙の始まりとは、このような我々の想像をはるかにこえた状態だったらしい。

今から 138 億年の昔（むかし）、突如（とつじょ）としてそんな状態からの大爆発（だいばくはつ）（ビッグ・バン）によって生まれてきた宇宙。時間も空間も物質も、そのとき、そこから始まったと考えなければならないんだね。このような宇宙誕生（たんじょう）の姿を「ビッグ・バン・モデル」とよんでいる。

ビッグ・バン

それでは、点宇宙が出現する前は一体どうなっていたんだろう？　すべてがとても小さい領域に閉じこめられているという特異な存在があらわれる前には、‘何もなかった’のだろうか？　‘無’の状態だったのだろうか？　でも、一体‘無’とは何だろう？

何も書かれていない、まっ白な紙を想像してごらん。この紙には、絵を描（えが）くことも字を書くこともできる。紙ヒコーキを作って飛ばすことだってできる。つまり‘有’を生み出す無限の可能性を持った状態が‘無’ということになるね。そうすると‘無’という存在が確かにあるわけだから、本当の始まりとは‘無もなかった’と言わなければならなくなる。そこで‘無’もなかったというのは、私たちの認識を超えた何かだったとしかいいようがない。そこからビッグ・バンですべてが始まるわけだ。

じつはアインシュタインの相対性理論から導かれる宇宙の

始まりも、このビッグ・バン・モデルのようなものなんだね。

ここで‘ビッグ・バン’から宇宙が生まれたことを裏付けることになった重大な発見について話しておこう。

1965年、アメリカの電波天文学者A. A. ペンジャスとR. W. ウィルソンは、空のあらゆる方向から、ほとんど同じ強さで波長7.35cmの電波雑音がはいってくることを発見した。ところで、物体がある温度をもっているということは、その分子が振動（しんどう）したり動きまわったり運動していることなのだから、その中にふくまれる電子も、勢いよく動いているということになる。ところが、電気をもった電子が熱によって運動すると、電波雑音を出すことがわかっている。そこで、この宇宙からの電波雑音のエネルギーを分析（ぶんせき）してみると、それは－270℃の物体から出ているものと同じ雑音であることがわかったんだ。さらにくわしく調べてみると、この温度こそ、膨張（ぼうちょう）によってエネルギーを失って冷えた、ビッグ・バンの‘残り火’であることがわかった。－270℃は絶対温度に直すと、3°Kになる。絶対温度とはすべての物質をつくっている原子分子が凍（こお）る－273℃を0°とする、理論的な温度目盛りをいうんだね。そこで、この宇宙雑音は「3°Kの宇宙背景放射（うちゅうはいけいほうしゃ）」とよばれている。

さてこの温度から時間を逆にたどっていけば、ビッグ・バンがおこってからこの宇宙の温度がどのように変わってきたのかを知ることができる。しかも、膨張の速度もおよそわかっているから、そのときの宇宙の大きさや宇宙の圧力の状態やエネルギーの移り変わりまでが推測できる。そして現在、我々のまわりにあるすべての物質をつくっている基本的な粒子(りゅうし)がおよそどのように生まれ、そして星になっていったのか、というようなこともかなり正確にわかるようになってきたんだね。

宇宙はこのようにして始まった。それは想像をはるかにこえた‘熱さ’と‘まばゆい’光のかたまりだった。まず、光があった、という点では、まさに旧約聖書のとおりだったともいえる。

窓を開けると、どこからともなく梅(うめ)の香(かお)りがただよってくる。寒いけれども、春はそこまで来ているようだね。

それでは、つぎの便りまでごきげんよう。

March

3月の便り

光の海から星が生まれる

3月だというのに昨夜来の雨が雪にかわり、今朝（けさ）は一面の銀世界。立ち木も、芽をふいていた小さな花の株もすっぽり白の衣装（いしょう）をまとって、ひたすら美しい沈黙（ちんもく）を守っている。それはまた冬をこらえて春を待つ明るい沈黙だといってもいいのかもしれない。今朝はそんな景色の中でめざめました。

ところで、今から138億年のとおい昔（むかし）、無もなかったところから突如（とつじょ）として沈黙からめざめた宇宙が、その後たどった道についての話からはじめよう。

私たちの認識をこえたある状態から、何か小さな変化がおこったのは理論上の宇宙開闢から10^{-43}秒（0.000000000000000000000000000000000000000001）あたりで、そのときの大きさは10^{-33}cm（0.000000000000000000000000000000001）くらいだったようだ。その後10^{-36}～10^{-34}秒くらいの間に10^{30}倍に急膨張（これをインフレーションとよんでいる）、そのとき宇宙は10^{-26}cmから100mくらいに大きくなったらしい。さらに10^{-27}秒後には1000kmの大きさになって、物質の大もとである基本粒子（クォークや電子）たちが誕生する。温度は10^{23}度、太陽の中心温度、10^7度と比べれば、すさまじい温度だったことがわかるね。10^{-6}（100万分の1）秒後には、数兆度になり10^{-5}（10万分の1）秒あとには1兆度、そこで陽子と中性子ができたらしい。1秒後に存在したのは陽子・中性子・電子・陽電子で4秒後には陽電子が姿を消し、38万年たつと水素やヘリウム原子が誕生し、一番星ができるのは3億年たってからだ。

　つまり、インフレーションによって急速に膨張したあと、その空間に満ちていたエネルギーが熱に変化したのがビッグバンだ。そして誕生直後およそ3分で私たちのまわりにあるすべての物質のもとが生みだされたわけだね。さらに、数億年たって誕生した多くの星々は、光り輝きながら、私たちの体をつくる元素を生みだし、超新星爆発という形で宇宙空間にまきちらされたものから、太陽系が生まれ地球が生まれたということだね。このように気が遠くなるほど長い時間が経過して、やっと我々が誕生するわけだ。現在の宇宙に存在するすべての物質の‘もと’ともいうべき水素とヘリウムの原子核は、ビッグ・バンから3分後につくられていたというのに、我々ホモ・サピエンスの歴史はたかだか数万年。それは宇宙の138億年の歴史に比べれば、まだほんの一瞬（いっしゅん）にすぎないんだね。

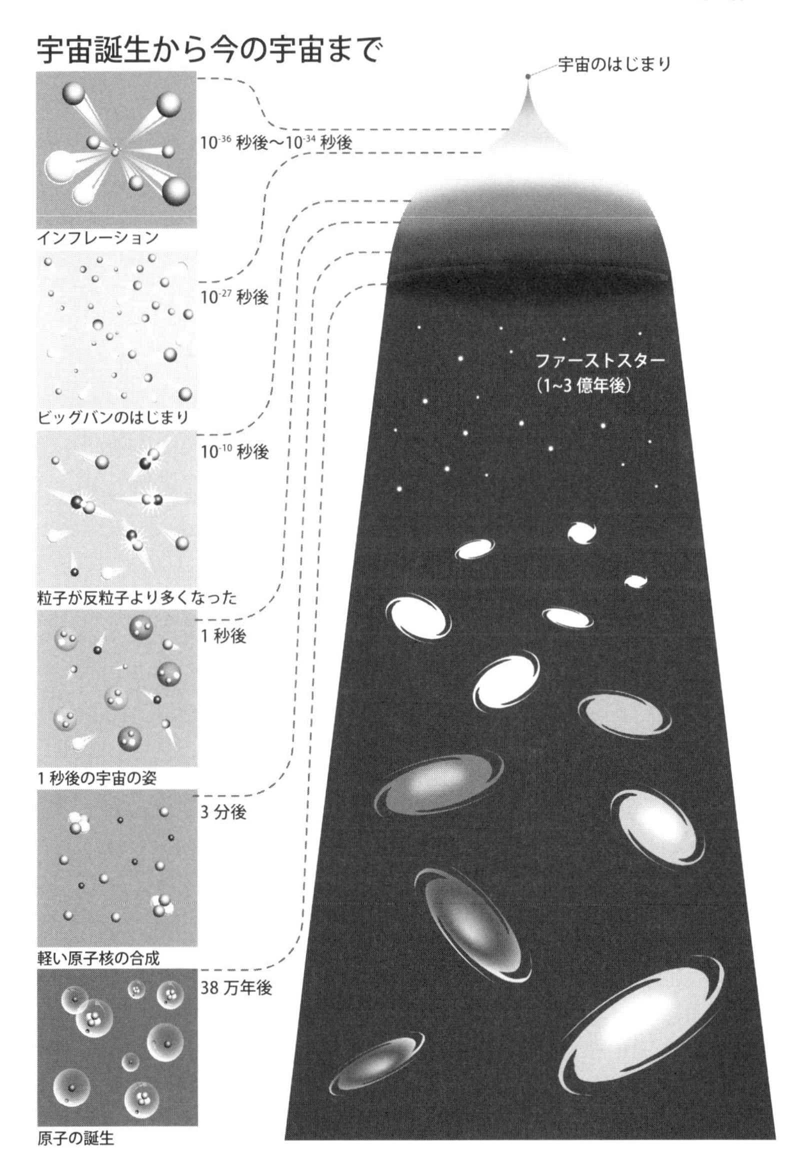
宇宙誕生から今の宇宙まで
宇宙のはじまり
10-36 秒後〜10-34 秒後
インフレーション
10-27 秒後
ビッグバンのはじまり
10-10 秒後
粒子が反粒子より多くなった
1 秒後
1 秒後の宇宙の姿
3 分後
軽い原子核の合成
38 万年後
原子の誕生
ファーストスター
（1~3 億年後）

宇宙の歴史の話をもう少し続けよう

このように宇宙が膨張によってしだいに冷えてゆくと、宇宙の主成分である水素原子核やヘリウム原子核などのような粒子が、まわりの電子と結合して原子になる。すると、それらの動きはにぶくなり、ある瞬間を考えると、粒子がたくさんあるところと、少ししかないところができてくる。つまり‘密度のゆらぎ’だね。そこでもし、２つの粒子が近づいたり、いくつかの粒子がかたまりになったりすると、粒子と粒子の間には光の影ができる。ところが、光というのはエネルギーを持っていて、そのエネルギーは、相手になんらかの力をおよぼすわけだから、光があたらない影の部分は、光があたるところよりも、光から受ける力が小さくなる。するとかたまった粒子は、光にさらされている外側からおされて、ますますかたまってしまう。そして、たくさんの粒子が集まるときの運動のエネルギーの‘ばらつき’からごくわずかな回転運動がおこり、それが徐々に加速されて巨大な渦になり、原始星雲ができあがるわけだ。最近では、いまだ知られていないダークマター（暗黒物質）も星の形成にかかわっているらしいともいわれているが、そのことはここでは、ふれないことにしよう。

さて、話しをもとに戻そう。

いったん原子たちが集まり始めると、今度は自分自身の重力でかたまり始め、近くの物質を引き寄せながら雪だるまの

星の進化

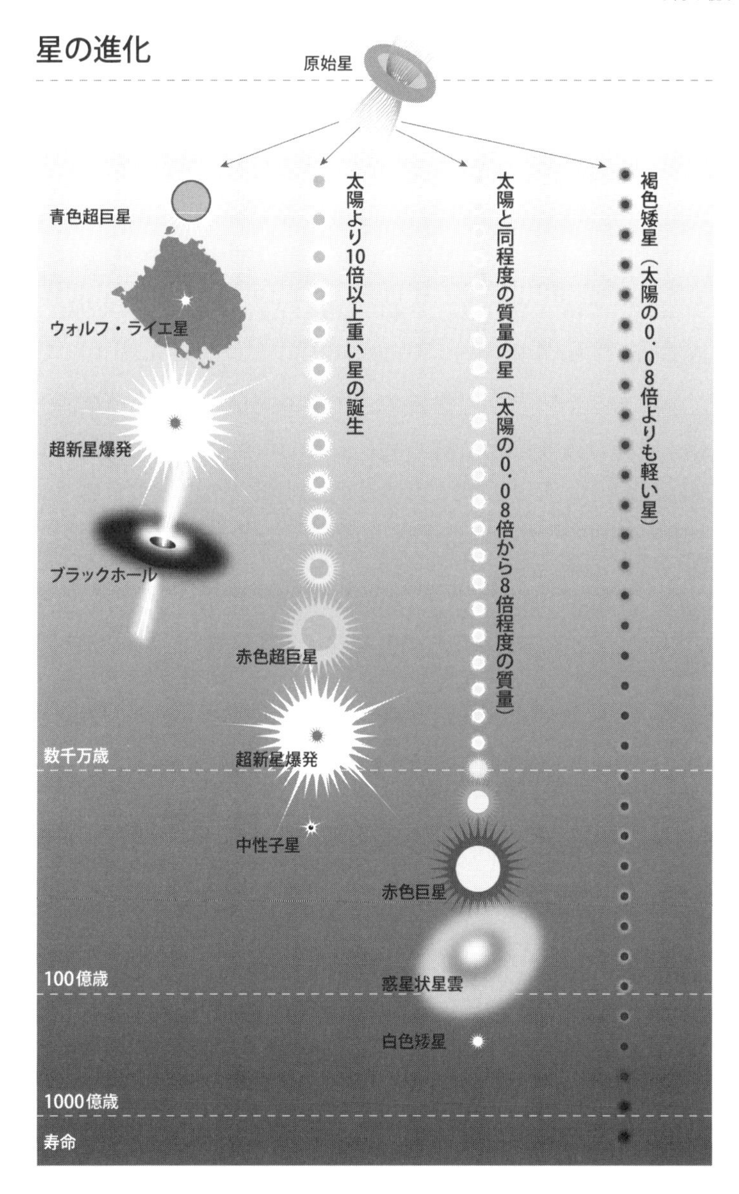
原始星
青色超巨星
ウォルフ・ライエ星
超新星爆発
ブラックホール
太陽より10倍以上重い星の誕生
赤色超巨星
超新星爆発
中性子星
太陽と同程度の質量の星（太陽の0．08倍から8倍程度の質量）
赤色巨星
惑星状星雲
白色矮星
褐色矮星（太陽の0．08倍よりも軽い星）
数千万歳
100億歳
1000億歳
寿命

ように大きくなってゆく。そうすると、ほとんどが水素でできたこの巨大なかたまりの内部は、重力でおしつぶされて温度が上がり、1000 万度ぐらいまで熱くなると水素原子核である陽子どうしが強く作用しあって、ヘリウムにかわる反応がおこる。つまり熱核融合反応がおこるわけで、そのときに大きなエネルギーを放出して光りはじめるんだ。これが原始星の誕生だ。

この巨大なかたまりの質量が、太陽の質量の 8％より小さいと、内部の温度を十分に上げることができないので熱核融合反応はおこらず、木星や土星のような惑星になってしまう。我々の太陽は今から 46 億年ほど前にこのような原始星として生まれ、現在では中心温度 1600 万度、表面温度 6000 度の標準的な星なんだね。そしてあと 50 億年ほどは水素－ヘリウム反応を続けることがわかっている。この時期の星を、ふつう‘主系列星’とよんでいる。ところで、ヘリウムの量がふえてくると、ヘリウムは星の芯として残り、そのまわりで水素が燃え続ける。この時期の星は、大きさがどんどん大きくなり、表面温度が下がって赤っぽく見えるので‘赤色巨星’とよばれる。たとえば、今から 100 億年後の太陽は、このような‘赤色巨星’になってちょうど地球の軌道をのみこむぐらいまで大きくなってしまうんだね。こうなったら当然地球はなくなってしまう。けれども、そのころには我々太陽系の住人はどこかの星に移住しているかもしれないね。

星の進化が生命をつくる

さて、それから先はどうなるのだろう。太陽の数倍以上重い星では中心のヘリウムが重力でおしつぶされて温度が上がり始め、1億度に達すると、ヘリウム原子核が反応をおこして炭素と酸素の原子核がつくりだされる。ヘリウムを使い果たすと、つぎに炭素と酸素が芯になるわけだけれども、その星の質量が太陽の4倍以下であれば、‘白色矮星’という高密度の小さい星になって一生を終えることになる。太陽の重さの4倍以上から8倍以下であれば、自分の重力によって収縮を続け、中心温度が6億度まで高まると、炭素の反応が加速度的にすすみ、バランスを失って大爆発してしまうんだね。

ところで、太陽よりも8〜10倍以上重い星だと、炭素、酸素の反応が穏やかにすすみ、鉄の原子核までつくってしまう。ところが鉄は熱を吸収する性質があるために、急激に星は冷えて、自分の重力でどんどん縮み始める。するとその結果、逆に内部の温度が急速に高まり、中心温度が1兆度になるとこれも大爆発をおこし、いずれも‘超新星’になるんだね。1054年7月4日、牡牛座に出現した超新星は、お月さまぐらいに輝き、およそ数ヵ月間昼間でも見えたらしい。のちに、鎌倉時代の歌人、藤原定家も『明月記』の中でそのことにふれている。その大爆発のあとの姿は、現在カニ星雲M1として7000光年の彼方に見ることができる。

まもなく大爆発するだろうといわれている超新星候補星もある。これは天の川の中にある竜骨座（りゅうこつざ）のエータという星で、大きさは太陽の100倍、現在明るさが激しくゆれ動いて星をつくっている物質をガスとしてふきだしている。その光の観測から、炭素、酸素が異常に少なく終末が近いといわれているんだね。それから、冬の夜空をかざるオリオン座のベテルギウスもそうだ。まもなく……といってもはっきりいつとはわからない。今夜かもしれないし、１万年後かもしれない。多分その最期（さいご）を彩（いろど）る強い光は、天の川全体の星をあわせたよりも数十倍明るいだろうといわれている。

大爆発でとび散った星のかけらは宇宙空間の雲となり、新しい星の芽をはぐくむ。そして残された小さな芯は、1cm^{3}が10億トンもあるような‘中性子星（ちゅうせいしせい）’になったり、あるいは、もとの星が太陽の30倍以上も重ければ、原子核をつくっている素粒子（そりゅうし）もおしつぶしてしまうような‘ブラックホール’になってしまったりするんだね。

このようにして、いま我々のまわりにある元素は、星の進化の過程の中でつくられてきた。特に、人間の体の主成分である炭素は、星の中でおこる熱核融合反応（ねつかくゆうごうはんのう）でつくられたものなのだということをよくおぼえておいてほしい。

こうして考えてみると、我々の体をつくっている水素も、太陽やオリオンの星ぼしをつくっている水素もまったく同じもので、すべて星の‘かけら’だということだね。だから宇宙のいたるところに地球上にあるものと同じような物質が発見されたとしてもちっとも不思議なことではないんだ。事実、オリオンのM42大星雲の中には、水や一酸化炭素などの分子がみつかっているし、星間空間にはアルコール分子があることも確かめられている。

春の光の中で、キラキラと輝きながら雪片（せっぺん）が舞（ま）っている。風と光と風花（かざはな）の対話。

それでは来月の便りを楽しみに！

April

4月の便り

星を数えて

‘ひがんざくら’が咲いて、‘そめいよしの’そして‘やえざくら’。いつもこの季節になるときまって思い出すのが、いつか見た一面満開の桜にかこまれた校庭の昼休みの風景だ。

「幸福なる子女の簡素にして、しかも楽しき園、生徒はいかにも校舎に咲いた花、木も花も本来ひとつ、そのように校舎も生徒もまたひとつに。」建築家、F. L. ライトの言葉どおり、それは美しい光景だったが、そのとき、ふと考えたことがあった。「校庭で遊んでいる生徒の数は一体何人ぐらいなのだろう？」

まず校庭の1点に注目し、その点を中心にして、等間隔に植えてある桜の木の間の長さを1辺とする正方形を頭の中に描いてみた。そうしてその中に、何人ぐらいの生徒がいるか数えてみる。もちろん、生徒たちは走りまわっているから、おおよその数しかわからないが、注目する場所をかえてみても平均すると5人だった。つぎに、注目する場所の面積を4倍にして数えてみた。結果は平均して20人。さて、これから一体何がわかると思う？　そう、人数を数える面積を4倍にすると、そこにいる人数も平均して4倍になるということだ。だから校庭のどの部分をとっても、単位面積あたりの人数はかわらない。つまり生徒は全校庭に一様に分布している！　あとは、桜の木の本数を数えて東西方向に15本、南北方向に18本、だから

$$5\text{人}\times(15-1)\times(18-1)=1190\text{人}$$

ということになった。

じつは、これと同じようなことを天文学者は‘星（銀河）を数える’ということでやったんだね。そうして星の数を数えてみると、我々のまわりの宇宙は、おおざっぱに言えばおもしろいことに星の分布はほとんど一様で均一な構造をしているらしいことがわかったんだね。この‘均一な構造’というのは、考えることのできる構造の中で最も単純な構造だから、それは宇宙の基本的性質なのかもしれない。そういう意味で、これを宇宙原理とよんでいる。この前話した‘3°Kの宇宙背景放射（うちゅうはいけいほうしゃ）’が、宇宙空間のあらゆる方向からほとんど同じような強さでとんでくることも、膨張（ぼうちょう）の中心はなくて、それを観測している宇宙のすべての場所が中心でありうるというのも、宇宙が‘等方的’であるという意味で‘宇宙原理’の別の表現だと考えることができる。しかし、厳密にいうと、この等方性にもわずかなゆらぎがあって、それがビッグバンを起こす「きっかけ」と関係があったことがわかって

きた。このことについては、複雑になるのでこれ以上、立ち入らないことにしよう。

宇宙の中の現象は一見すると複雑なことが多いように見えるけれども、ひょっとしたらきわめて単純な構造をしていて、我々がその単純さに気づかないために、宇宙を複雑なものとしてとらえているのかもしれないね。

沈丁花(じんちょうげ)の夢(ゆめ)みるような香(かお)りが夜の風にのってただよってくる。‘すばる（プレアデス星団）’が西の山の端(は)ぎりぎりになった。冬の名残(なご)り。それでは、よい夢を！

May

5月の便り

この空間と時間のひろがり

野原にねころがって、たんぽぽの綿毛(わたげ)を飛ばしたのはいつのころだったかな？　覚えているかな？　手をのばせば、そこはすみれ色の空。目をつぶれば白い雲が青い夢(ゆめ)の中を静かに通り過ぎてゆくような‘やさしい5月の昼下がり’。

身長1mちょっとの長さを空間の単位として、心臓のひとうち1秒を時間の単位として、私という小さな世界の想いは、果てしない宇宙の彼方(かなた)へとひろがり、そして原子の階段をかけおりる。

今日は、1mと1秒を単位にして、この空間のひろがり、時間のひろがりが、どんなになっているかを、表にしてまとめてみよう。

こうしてみると空間のひろがりは、およそ原子核(げんしかく)の大きさから宇宙の大きさまで、その比は $10^{26} \div 10^{-15} = 10^{41}$ 程度、一方時間のひろがりは、光が原子核の大きさくらいの長さを通り過ぎる時間から宇宙の年齢(ねんれい)まで、その大きさの比は $10^{18} \div 10^{-23} = 10^{41}$。

10^{72}	10^{68}	10^{64}	10^{60}	10^{56}	10^{52}	10^{48}	10^{44}	10^{40}	10^{36}	10^{32}	10^{28}	10^{24}	10^{20}	10^{16}	10^{12}	10^{8}	10^{4}	
大数（たいすう）	無量（むりょう）	不可思議（ふかしぎ）	那由他（なゆた）	阿僧祇（あそうぎ）	恒河沙（ごうがしゃ）	極（ごく）	載（さい）	正（せい）	澗（かん）	溝（こう）	穣（じょう）	秭（じょ）	垓（がい）	京（けい）	兆（ちょう）	億（おく）	万	千

0000000000000000000000000000000000000000000000000000000000000000000000000　0

なお、無量、大数を一緒にして無量大数（10^{68}）とする説、また、空虚、清浄を分けて空、虚、清、浄と４つにする呼び方もある。

さらに最小単位の電荷（でんか）をもつ陽子と電子の間に働く電気的引力と、万有引力の大きさの比は 10^{40}、それと宇宙の中で、すべての物質をつくる‘もと’になる基本粒子（りゅうし）（陽子、中性子、電子など）の総数はおよそ 10^{80} 個。

ここでおもしろいことに気がつかないかな。宇宙の性質のひろがりを空間、時間、力などから整理してみると、およそ 10^{40} という数がでてくるということだね。このことについては、イギリスの理論物理学者 P. A. ディラックが注目し、この 10^{40} という数は、この宇宙の基本的性質を映しているものとしていくつかの論文を書いている。しかし、なぜなのか、まだはっきりしたことはわかっていない。

数のロマン

ついでだから、ここで、巨大数（きょだいすう）や微小数（びしょうすう）にたいして、日本で古くからつかわれている命数法があるので紹介（しょうかい）しておこう。

この命数法は、17 世紀の中国の数学書である『算法統宗（さんぽうとうそう）』

			10^{-1}			10^{-4}	10^{-5}	10^{-6}	10^{-7}	10^{-8}	10^{-9}	10^{-10}	10^{-11}	10^{-12}	10^{-13}	10^{-14}	10^{-15}	10^{-16}	10^{-17}	10^{-18}	10^{-19}	10^{-20}	10^{-21}
0	0	0	0	0	0	0	0	0	0	0	0	0	0	0	0	0	0	0	0	0	0	0	0
百	十	一	分	厘	毛	糸	忽	微	繊	沙	塵	埃	渺	漠	模糊	逡巡	須臾	瞬息	弾指	刹那	六徳	空虚	清浄
			ぶ	りん	もう	し	こつ	び	せん	しゃ	じん	あい	びょう	ばく	もこ	しゅんじゅん	しゅゆ	しゅんそく	だんし	せつな	りっとく	くうきょ	せいじょう

に端（たん）を発していて、日本では江戸時代にベストセラーとなった『塵劫記（じんこうき）』に記されている。それぞれの命数には意味があって、たとえば、10^{52}を恒（こう）（黄）河沙（がしゃ）というけれども、これはガンジス河の砂粒（すなつぶ）の数ほど大きいということだそうで、それより大きい数はいずれも仏教思想によっているらしい。

この命数法によれば、1光年はおよそ10兆km、アンドロメダ銀河までの距離（きょり）は約2300京km、コップ1杯（ぱい）の水の中にはいっている分子の数は1秭（じょ）個、宇宙年齢（ねんれい）は100京秒、宇宙の大きさは100秭m。さて小さい方では、原子核（げんしかく）の大きさは1模糊（もこ）cm、原子核を光が通る時間は0.01清浄（せいじょう）秒などということになる。数の中にも、なにかしら人間の心とのからみをもちこもうとしたロマンがみえて、とても興味深いことだとは思わないかい？

それでは、またしょうぶの季節に手紙で会いましょう。

P. S.　乙女（おとめ）座の一等星‘スピカ’が一番美しい季（とき）。夜10時ごろ真南を見るとダイヤモンドのように光って見えます。

空間のひろがり

？　？　？	（単位は m）
宇宙の果て	1.4×10^{26}
電波望遠鏡で見える範囲	8×10^{25}
光学望遠鏡で見える範囲	5×10^{25}
一番近い銀河系まで	$\sim10^{22}$
私たちの銀河系の中心まで	5×10^{20}
一番近い恒星（ケンタウルス座プロキシマ）まで	4×10^{16}
太陽系の果てまで	4.3×10^{12}
太陽まで	1.5×10^{11}
月まで	3.8×10^{8}
地上から静止衛星まで	$\sim3.6\times10^{7}$
富士山の高さ	3.776×10^{3}
東京タワーの高さ	3.33×10^{2}
私たちの身長	~1
こんぺい糖	$\sim10^{-2}$
小さな雨のしずく	$\sim10^{-3}$
食塩のひとつぶ	$\sim10^{-3}$
風邪のウィルスの大きさ	$\sim10^{-7}$
原子の大きさ	$\sim10^{-10}$
原子核の大きさ	$\sim10^{-15}$
？　？　？	

時間のひろがり

？　？　？	（単位は秒）
宇宙が始まってから	$\sim10^{18}$
地球が生まれてから	$\sim1.5\times10^{17}$
シリウス（大いぬ座α星）が生まれてから	$\sim1.0\times10^{16}$
すばる（プレアデス星団）が生まれてから	$\sim1.5\times10^{15}$
オリオンの3つ星が生まれてから	6×10^{13}
富士山が生まれてから	3×10^{12}
ピラミッドが作られてから	1.5×10^{11}
卑弥呼の時代	5.5×10^{10}
人の一生	2×10^{9}
1年の長さ	3.15×10^{7}
1日の長さ	8.64×10^{4}
光が太陽から地球に届くまで	4.95×10^{2}
心臓のひとうち	1
音波のくりかえし	$\sim10^{-3}$
光が1mをよこぎる時間	3×10^{-7}
分子回転の周期	$\sim10^{-12}$
原子振動の周期	$\sim10^{-15}$
光が原子をとおる	$\sim10^{-18}$
光が原子核をとおる	$\sim10^{-23}$
？　？　？	

June

6月の便り

地球は宇宙をかけぬける！

6月、紫陽花(あじさい)の美しい季節。この手紙を書き始めてから地球は太陽のまわりをちょうど半分まわったことになるね。動いた距離(きょり)は4億7000万km、その速さは秒速30km！　ところが、太陽は太陽系全体をひきつれてヘルクレス座の方向に向かって秒速20kmの速度で3億1500万km旅を続けたわけだし、さらにヘルクレスの星をふくむ恒星団(こうせいだん)は、太陽系をまきこんだまま半径3万光年の円をえがいて秒速300kmのものすごいスピードで銀河の中心に対してまわっている。ひとまわりの時間はおよそ2億年。それからまだまだ……。我々の銀河系全体も……。これだけすさまじい動きをしている地球の上で、毎年毎年、その季節を忘れずに咲く花の不思議さ！　人は「なぜ花は咲くのか？」と問い、花はそれを問うことをしない。

こうして考えてみたとき、空間とか時間とかいうものは、一体何を基準にして存在しているといえばいいのだろうね？今、日本で、地球の表面にただ立っているのだといっても、

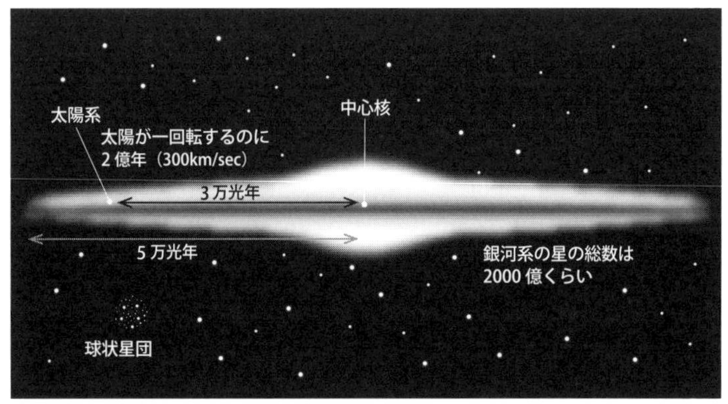

横から見たわれわれの銀河系

自転を考えれば地球の中心に対して、秒速400m、つまり時速1440kmという、音よりも速いスピードで動いているわけだし、その地球は宇宙の中をものすごい速さで走りぬけている。物体の運動を考えるときに、一体何を基準にすればよいのだろうか？　宇宙の中にしっかりと固定され静止していて、すべての運動を考えるときの基準にできるような空間がはたしてあるのだろうか？

そこで、この疑問に対する答をみつけるために、宇宙空間の中を走る地球の上で光の速度を計ってみようと物理学者たちは考えたんだね。19世紀の後半のころだ。

なぜ光か？　というと、この広い宇宙の真空の中を伝わることができるただ1つのものは、光であり、発光体を出た光は、発光体の運動にかかわらず進むだろう。だから発光体をのせて動いている地球の上でいろいろな方向に光を出して、その速度を計れば、静止した宇宙空間に対する地球の速度を決めることができる、と考えたんだね。一方そのころ、光は波の性質を持っていることが広く知られていた。ところが波というのは物質の振動が空間を伝わっていく現象であるから、たとえば水の波が伝わるためには水という物質が必要であるように、波としての光が伝わるためには何か振動する物質が必要になる。とすれば宇宙が真空であるということとこの物質（人々はこれをエーテルと名づけた）の存在ということをどう調和させて考えたらよいのか、という疑問がでてきたんだね。これに対してイギリスの物理学者 J. C. マクスウェルは、1861 年に光の電磁波説を唱え、光は物質のない真空でも伝播することができると主張していた。

光は何もないところを一定の速さで走っていく

そこで、そのことを確かめるためにイギリスの物理学者 A. A. マイケルソンと E. W. モーリーによって大がかりな実験が行われた。1887 年のことだった。

彼らは、地球が東西の方向に秒速 30km で公転運動していることに注目した。そしてこの地球という‘動く実験室’の上で、東西方向と南北方向に走る光の速度を比べる巧妙な実験を行ったんだね。動いている地球の上で放たれた光は、地球の運動には関係なく宇宙空間を進む。だから、その光を動いている地球上でみれば、東西方向のある一定の距離を往復する時間と、南北方向のそれと同じ距離を往復する時間と

の間には差がでるはずだね。（➡ノート5）

ところが、精密な実験を何度くり返しても差を見出すことはできなかった。光の速度は、発光体や観測者の運動状態には関係なく一定であり、結局、静止した宇宙空間に対する地球の速度を決めることはできなかったんだね。

これは大変なことになってしまった。星から放たれた光が、地球に届くまでに、その星や地球の動きがどんなにかわったとしても、地球の上で受ける光の速度はつねに一定値であるとは！　これは明らかに我々の常識では理解できない。たとえば、速度cで走ってくる光（これからあと、光速度をcとする）に向かって、速度cで走っている人がいるとしよう。その人が見る光の速度は、ちょうど列車がすれちがうときに、おたがいの相対速度が大きくなるように、$c+c=2c$になるはずだね？　逆に光から逃げるようにcの速度で走れば、$c-c=0$で、いつまでたっても光は追いつけない。つまりその人から見た光の速度はゼロとなる。しかし、このマイケルソンとモーリーの実験の結果は、どんな状況にあっても、観測者が見る光の速度はc、すなわち$c+c=c$であり、$c-c=c$、まったく不可解な結論だった。

そこである人は「エーテルは存在するけれども、地球といっしょに動いているのだ」と考え、またある人は「運動方向に物質自身が縮むのだ」と考えることによって（➡ノート5）きりぬけようとした。しかし、いずれも避けがたい矛盾をはらみ、問題の解決にはいたらなかった。

結局、光が伝わるのに必要な物質、エーテルの存在が否定され、マクスウェルの電磁波説(でんじはせつ)に人々の関心がむけられるようになった。それと同時に光の速度を決めるときに基準となるような静止した‘空間’の存在も否定されなければならなくなった。

何もないところを、つねに一定の速度で走る光の不思議！この奇妙(きみょう)な事実に物理学者たちは悩(なや)み続けた。そしてこの悩みにピリオドをうったのが、1905年に出されたアインシュタインの「特殊(とくしゅ)相対性理論」だったんだ。

光速度一定の原理——特殊(とくしゅ)相対性理論への第1歩

アインシュタインの特殊相対性理論には、2つの重要なポイントがある。その第1は、「物理の基本法則は絶対的なもので、あらゆる場所で同じような形をしていなければならない。」とくに等速直線運動をしている世界では、自分たちが何に対して動いているのか、静止しているのか区別できないことを主張する。いいかえれば静かに同じ速度でまっすぐ走っている列車の中で、手に持ったリンゴを落とすと、ガリレオがやった実験と同じように0.1秒後には4.9cm、0.2秒後には19.6cm落下して、地上での実験と区別できない。もし列車に窓がなければ、その中の人は列車が動いているのか止まっているのかさえわからない、と主張するんだね。(➡ノート6)

事実、我々が日常生活をいとなんでいるせまい空間で考えれば、地球は等速直線運動をしていると考えてもよいわけで、そのために我々は「地球は動く」ということを日常体験として実感することができないんだ。

第２のポイントは、この主張を電磁波としての光にあてはめて、光のふるまいをこまかく検討してみると、真空中の光の速度は一定でなければならないという結論がでてくることだった。

そこで彼はこう考える。「光が宇宙の真空の中をものともせず進み、発光体や観測者の動き方にはまったく無関係な一定速度 c をつねにもっている、ということは、この空間そのものの基本的性質であって、光のこのようなふるまいをとおして、宇宙がその姿を我々に見せてくれているのだ。」さらに、「光の速度とは、ある一定時間の間に光が進む距離をその時間でわったものなのだから、光速度一定ということは、時間のほうがのび縮みして、みかけ上、光速度一定になっていると考えねばならない。」こうして、彼は時間の進みかたも、つねに一定不変のものではなくて、観測者の運動状態によって、速くなったり、遅くなったりするのだ、と結論したんだね。運動している物体にくっついている空間の中では、その空間に固有の‘時’が流れていて、決して、時間、空間は別のものではなく、お互いに影響しあいまじりあったものだと考えねばならなくなったんだね。

このようにしてアインシュタインは、自然はきわめて単純な構造をしていて、ある場所だけを特にひいき目に見ることはできないことから「光速度一定の原理」をみちびきだし、マイケルソン・モーリーの実験結果を理論的に裏付けたんだね。これは単に物理的というより、むしろものの見方、考え方にかかわる哲学的(てつがくてき)なもので、さらに宗教的なひびきさえふくんでいるような気がしないかい？ 「神は‘さい’をふらない」というアインシュタインの暗示めいた有名なことばの中にもその主張と彼の自然観をうかがうことができる。

夏が近づいてくる。みかんの花のかおりをふくんだ風がレターペーパーをかすかにめくる。6月という季節のやさしいまなざし。おやすみなさい。

July

7月の便り

時間がのび縮みする

今夜は七夕。1年に1度、天の川の両岸に住む彦星と織姫が、天の川に羽をひろげたかささぎの橋をわたってあいまみえるという伝説は、壮大な宇宙と人々の心をつなぐ‘夢のかけ橋’だね。

ところで彦星（わし座のα星、アルタイル）と織姫（こと座のα星、ヴェガ）は天の川をはさんで、およそ20光年離れているから、かりに彦星が光の速さで走ったとしても往復するのに40年かかる。ということは1年に1度の逢瀬を楽しむというこの美しい物語を現代の科学は否定してしまったのだろうか？

そこは大丈夫。「特殊相対性理論」は、そのことについても、すばらしい答を用意しています。七夕にちなんで今月はその話をしよう。

前の手紙で、真空中を伝わる光の速度は発光体や観測者の運動状態にかかわらず一定だということを話したね。この光速度一定ということから導かれる重要なことがらの説明から始めよう。

床から天井までの高さが l であるような列車が左から右へ速度 v で走っているとしよう。

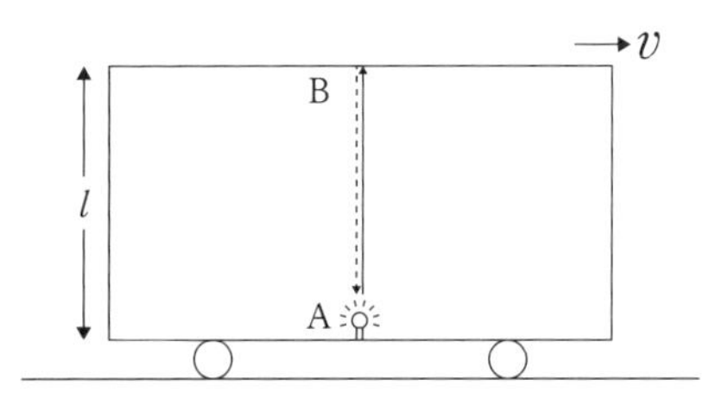

そこで床の１点Ａに光源をおいて天井にむかって光をだすと、その光は天井にある鏡Ｂで反射され、再びＡに戻ってくる。光がＡからＢに進み、Ａに戻ってくる時間は、その道のりを光の速度でわったものだね。列車に乗っている人から見ると、その時間 T（列車）は

$$T\text{（列車）}=\frac{2\times l}{c}\cdots\cdots①\text{（}c\text{は光速度）}$$

l についてとけば

$$l=\frac{c\times T\text{（列車）}}{2}\cdots\cdots②$$

さて、この実験を地上の人が見たら、光の通る道すじはどう見えるかな？

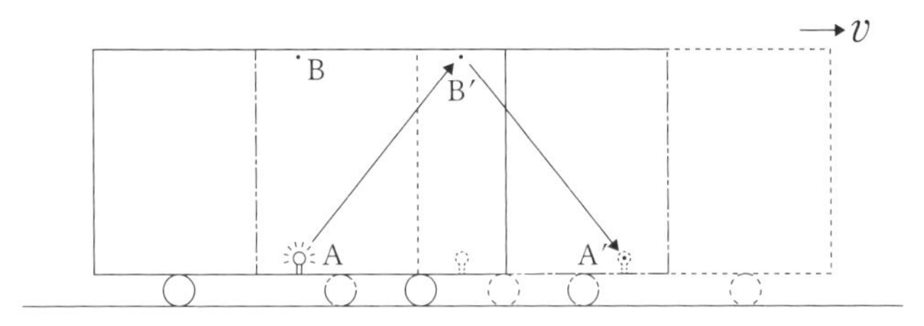

光がAからBに進む間に、列車は左から右に鎖線(させん)の位置まで動いているから、光はAからB′で鏡とあい、反射されて床に戻る位置はさらに列車が点線の位置まで動いてA′になるね。

ここで光の通った道すじをぬきがきしてみよう。

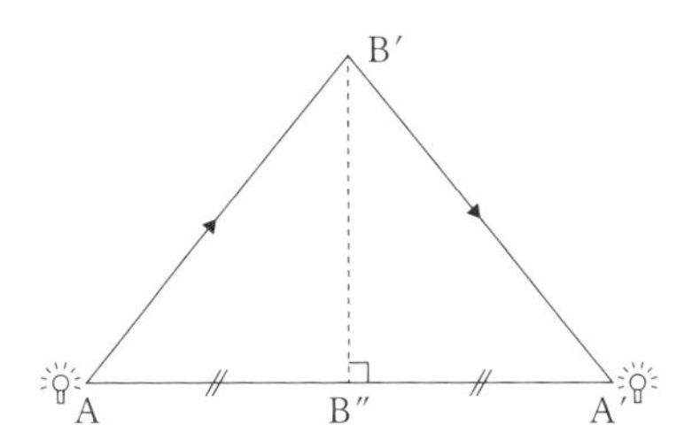

列車は一定速度で走っているから、B′から $\overline{AA'}$ におろした垂線(すいせん) $\overline{B'B''}$ は、$\overline{AA'}$ を2等分する。ここで地上の人から見た光の往復時間を t（地上）とすると、底辺の長さ $\overline{AA'}$ は $v \times t$（地上)、B″は $\overline{AA'}$ の中点だから

$$\overline{AB''}\,(=\overline{A'B''})=\frac{v \times t\ (\text{地上})}{2}$$

一方B′B″はlに等しいから、②より

$$\overline{\mathrm{B'B''}}=\frac{c\times T\ (\text{列車})}{2}$$

ところでAB′、A′B′の長さは等しくて、光がt（地上）秒間に進む距離（きょり）の$\frac{1}{2}$だ。だから

$$\overline{\mathrm{AB'}}=\frac{c\times t\ (\text{地上})}{2}\cdots\cdots③$$

さて、ここでピタゴラスの定理を思いだそう。「直角3角形の斜辺（しゃへん）の長さの2乗は、他の2辺の長さの2乗の和に等しい。」

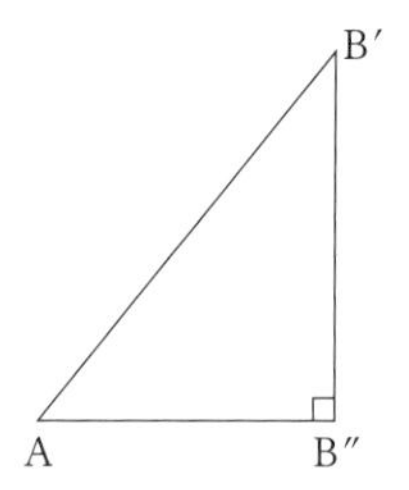

すなわち△AB″B′について$\overline{\mathrm{AB'}}^2=\overline{\mathrm{AB''}}^2+\overline{\mathrm{B'B''}}^2$（ピタゴラスの定理）であるから

$$\left(\frac{c\times t\ (\text{地上})}{2}\right)^2=\left(\frac{v\times t\ (\text{地上})}{2}\right)^2+\left(\frac{c\times T\ (\text{列車})}{2}\right)^2$$

この式の各項を4倍して整理すると

$$c^2\times t^2\ (\text{地上})-v^2\times t^2\ (\text{地上})=c^2\times T^2\ (\text{列車})$$

すなわち

$$(c^2-v^2)\times t^2\ (\text{地上})=c^2\times T^2\ (\text{列車})$$

両辺を c^2 でわって平方根を求め整理すると、

$$\frac{T\ (\text{列車})}{t\ (\text{地上})}=\sqrt{1-\left(\frac{v}{c}\right)^2}$$

この式をよく見てみよう。

右辺の$\sqrt{\ }$は v が 0 でないかぎり 1 より小さい。ということは

$$\frac{T\ (\text{列車})}{t\ (\text{地上})}<1\text{、かきなおせば } T\ (\text{列車})<t\ (\text{地上})$$

列車の中で光の往復を計った秒数よりも、地上で数えた秒数の方が大きい。これは、自分に対して走っている世界の時間は‘ゆっくり進んでいる’ということなんだ！　そして‘ゆっくり’の程度は $\sqrt{1-\left(\frac{v}{c}\right)^2}$ の大きさで計ることができるわけだね。

たとえば v が光の速さ c の $\frac{4}{5}$ になったとしよう。$v=\frac{4}{5}\times c$ になるね。すると

$$\sqrt{1-\left(\frac{\frac{4}{5}\times c}{c}\right)^2}=\sqrt{1-\left(\frac{4}{5}\right)^2}=\sqrt{\frac{25-16}{25}}$$

$$=\sqrt{\frac{9}{25}}=\frac{3}{5}$$

止まっている世界の 5 年間は、動いている世界の 3 年間になってしまうんだね。

もし $v=c$ になったら（T（列車）／t（地上））＝0、これは分子が限りなく小さくなるか、あるいは分母が限りなく大きくなることだから、光速で走っている世界では、時間は限りなくゆっくり流れ、止まってしまうことを意味している。

七夕の夜の不思議な話

なぜ、こんな不思議な結果がでてきてしまったんだろう？　それは、‘列車’という‘動いている世界’でも、‘地上’という‘静止している世界’でも、光の速さは一定でかわらない、つまり同じ c の値であるとしたからなんだね。（式①、②、③の中で同じ c がつかわれている）

七夕さまの話に戻ろう。織姫と彦星は20光年も離れているけれど、物理を愛する‘かささぎ’が光に近いスピードで2人を天の川の真ん中にある美しい島にはこんでくれると考えればよい！　かささぎのスピードを光の速さの99.99％、島までの距離をそれぞれの星から10光年とすれば、我々が考える10年は

$$10\text{年}\times\sqrt{1-(0.9999)^2}\fallingdotseq 10\text{年}\times 0.014$$
$$=0.14\text{年}\fallingdotseq 50\text{日}$$

となるから、１年に１度は確実にあうことができるわけだね。ここではなぜ‘天の川の真ん中の島’かというと、たとえば彦星だけが織姫のところまででかけるとすると、超スピードでとんでいく彦星の時間が織姫の時間に比べてゆっくり流れるために、織姫の方が先に年をとってしまうからなんだね。

「相対性理論」の世界は、なにかしらメルヘンの世界みたいだね？　でも運動している世界の時間が遅れるというのは事実なんだ。実際に、非常に速い速度で宇宙の彼方から地球にとびこんでくる宇宙線とよばれる粒子の中には、あまりに速いスピードでとんでくるために、その寿命が何倍ものびていることが観測されているものもあるし、光速度に近い速度で動いている π^0 中間子が出す光の速度を計ってみたら、$c+c=c$ という関係がなりたっていることも確認されている。つまり光の速度はどこでも一定だというのは決して仮定ではなく、事実なんだね。この事実があるからこそ、運動、すなわち空間的な変化と、そのことによる時間の流れぐあいの変化がからんできて、時間、空間をわけて考えることができなくなるということなんだね。

それでは明日の朝、ささの葉の上に、美しい星のしずくがおりていますように。

August

8月の便り

時間と空間の幾何学(きかがく)

白鳥座の十字が美しい季節になったね。とくに白鳥のくちばしにあたるアルビレオという2重星は、青緑の星に、オレンジ色の星がよりそっていて、その美しさは見る人の心をなごませてくれる。天文仲間では‘ロメオとジュリエット’などという名前で親しまれている有名な2重星だ。

さて今月は、時間と空間のからみあいについて、もう少し話してみようかな。

またまた左から右へ向けて速度vで走っている長さLの列車を頭にえがいてください。その列車の中央Sに光源があって、それが一瞬(いっしゅん)光るとする。こんどはその光が、列車の前後に向かってどのように進んでゆくかを考えてみよう。

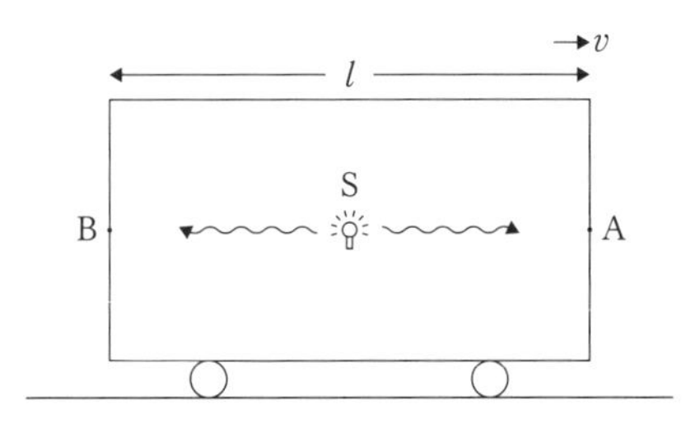

まず、列車といっしょに走っている世界、列車の中の人から見れば、Sを出た光は前後に向かって同じ速さ c で進み、同時にA、Bにつくことになるね。これを列車の長さ方向 x と、それに直角な時間方向 t の座標軸(ざひょうじく)を使って2次元時空のグラフにかいてみよう。

時刻 $t=0$ の列車の状態は線分 $\overline{\mathrm{AB}}$ で、t' 秒後の状態は線分 $\overline{\mathrm{A'B'}}$ であらわされる。もちろん、$\overline{\mathrm{AB}}$ も $\overline{\mathrm{A'B'}}$ も長さは L。ところで $t=0$ にSを出た光は、時間の経過とともに列車の前後に向かって $\overline{\mathrm{SA''}}$、$\overline{\mathrm{SB''}}$ のように進む。光速度一定の原理から $\angle \mathrm{A''SA} = \angle \mathrm{B''SB}$、光は同時刻 t'' にA″、B″につくことになる。列車に乗っている人には、光は列車の前後に同時につくように見えるわけだね。

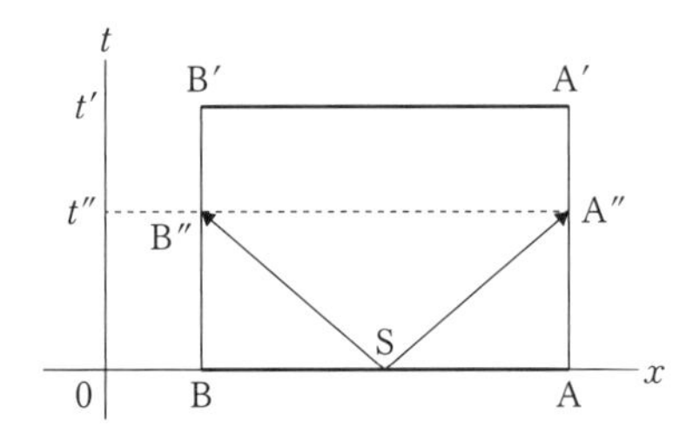

ところが、列車の外に立っている人から見ると、Aは光から逃げるように動き、Bは光を迎えるように動いているから、光はまずBについて、そのつぎの瞬間にAにつくように見えるだろう。これをグラフにかいてみよう。

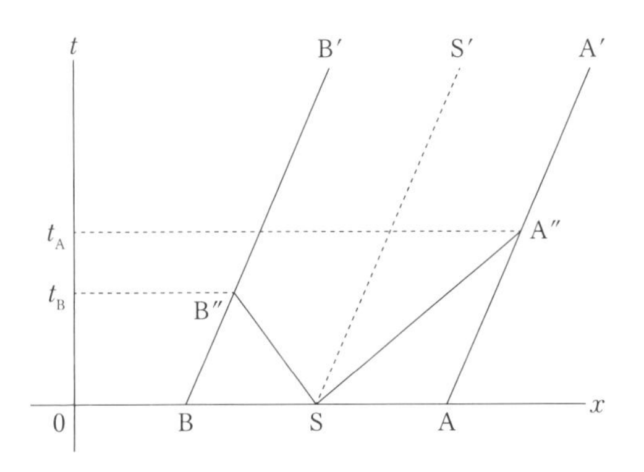

列車のA、S、Bは、それぞれ地上の世界に対して、速度vで左から右へずれていくから、それは、線分$\overline{AA'}$、$\overline{SS'}$、$\overline{BB'}$であらわされる。

一方、光の進み方は光速度一定の原理から前の図と同じように線分$\overline{SA''}$、$\overline{SB''}$で示されるね。そこで光が列車の前後につく時刻をt_A、t_Bとすれば、明らかに$t_A > t_B$、まずうしろのBにつき、それからAにつく。

このようにして、観測者が乗っている世界の運動状態のちがいによって、‘同時が同時でなくなり、同時でないものが同時になる’ということがおこってくる。

さらに、地上に固定した世界から、動いている列車の世界の x、t 軸がどのように見えるかについて考えてみよう。

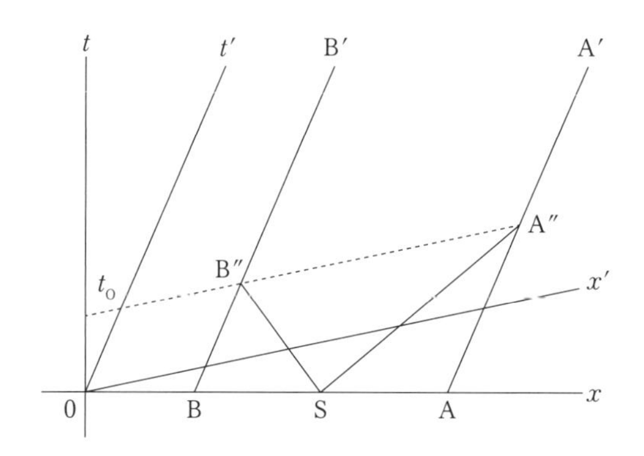

列車内で見た A″、B″ は同時刻でなければならない。ということは列車に固定した世界の長さ方向の軸は $\overline{A''B''}$ に平行であり、時間軸は $\overline{BB'}$ に平行でなければならないね。そうすれば動いている世界の時間軸が t' 軸上の t_0 という同時刻に、光は列車の前後 A、B につくことになる。もちろん∠tot′、∠xox′ は等しくて、それは列車の速度に比例して大きくなるんだね。

このように、静止世界から運動世界へうつるということは、その運動をゆがんだ座標で（たとえば x, t から x', t' のように）ながめるということを意味しているんだね。**（➡ノート7）**

さて、物体の運動の状態は、時間、空間図上に各瞬間の時刻とそのときの位置を書きこむことによって、1つの線としてあらわされることがわかった。これを‘世界線’とよんでいる。そして、運動状態がちがっている世界で、時間、空間の性質がどのように目に映るか、ということは座標となる軸のゆがみで表現することができるわけだ。このようにして、いろいろな自然現象を3次元の空間に1次元の時間をまぜあわせた4次元時空の幾何学（きかがく）として表現できるわけだね。1例として太陽を中心とした地球の運動を公転面上に限られた2次元運動として考えたときの3次元時空における地球軌道（きどう）の世界線をかいておこう。

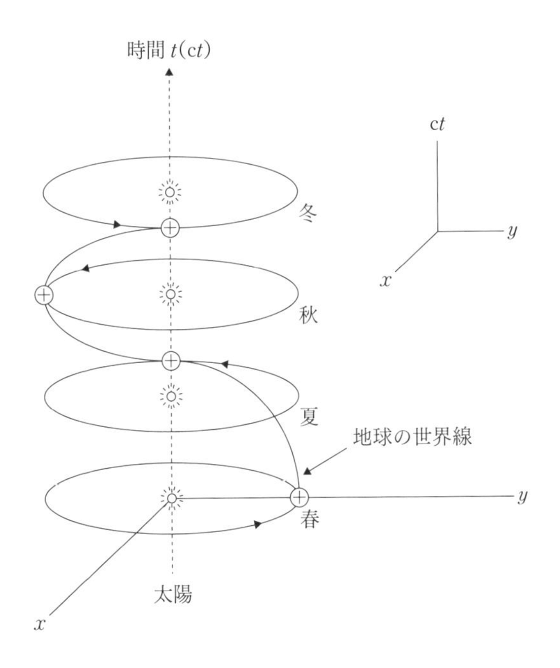

ゆがんだ世界へ

　アインシュタインの相対性理論は、空間という宇宙のいれものの中で、過ぎていく時間を背負ってたえまなく変化しているすべての自然現象を、4次元時空の中の1本の‘世界線’の動きとして幾何学的に表現しようとしたものだった。ところで、我々の思考では、0次元は点、1次元は線、2次元は面、そして3次元は立体というところまでは直観的にわかるけれども、3次元の空間に時間をくみこんだ4次元空間のかたちを想像するのはむずかしい。たとえば、1次元である線の切り口は0次元の点になり、2次元である面の切り口は1次元の線になり、3次元である立体の切り口は2次元の面になるけれども、それでは、その切り口の断面が3次元の立体であるような4次元の超立体とはどんなかたちをしているのかということになると、これは我々の日常的な感覚をこえてしまってイメージがわかない。相対性理論はむずかしくてわかりにくいというのは、それが我々の日常感覚をこえた4次元の非ユークリッド幾何学の世界だからなんだね。非ユークリッドというのは、いわゆる‘曲がった、ゆがんだ’世界のことで、2次元の面を例にとれば、それは平面ではなくて曲面、たとえば地球儀の表面を想像してごらん。

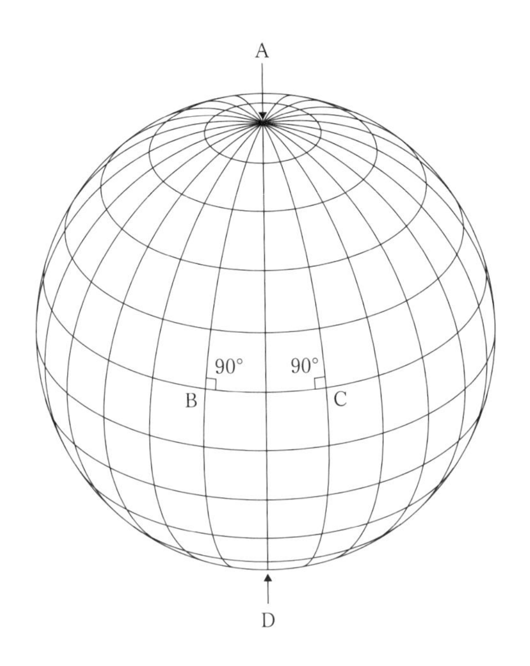

緯度線（いどせん） $\overset{\frown}{\mathrm{BC}}$ と経度線 $\overset{\frown}{\mathrm{ABD}}$、$\overset{\frown}{\mathrm{ACD}}$ でつくられる△ABCの内角の和は180度より大きく、$\overline{\mathrm{BC}}$ と直角に交わる2本の平行な経度線 $\overline{\mathrm{AB}}$、$\overline{\mathrm{AC}}$ はAとDで交わり、$\overset{\frown}{\mathrm{ABD}}$、$\overset{\frown}{\mathrm{ACD}}$ という2本の線で2角形ができてしまう。ふつう学校で習う幾何学では、2本の平行線は交わらないし、2本の直線でかこまれる図形は存在しないのに……。こんな世界をいうんだね。

しかもアインシュタインは、時間と空間をまぜて4次元時空を考えただけでなく、その時空の曲がりによるひずみのエネルギーが物質を生みだすことも考えた。あるいは、時空のある場所がひずんでいると、その中心部分を我々は重力の発生源ともなりうる物体として感じてしまうと考えてもよい。こうして、宇宙の構造のすべてを、純粋な幾何学で表現しようとしたところに、アインシュタインのすさまじい天才ぶりがうかがえる。

今月の話はかなり抽象的になってしまったので、すこし理解しにくかったかもしれないが、今はおおよそのことが感覚的にわかったような気がすれば、それで十分だ。いずれこのあとの便りではっきりしてくるでしょうから……。

今月は流れ星の季節。天の川の近くを見てごらん。真砂のような星のなぎさを横切って音もなく流れる光のファンタジーがたくさん見られるはずです。

真砂なす数なき星のその中に
　　我に向かいて光る星あり
（正岡子規）

‘星にねがいを……’ それではまた、コスモスの季節にあいましょう。

September

9月の便り

特殊相対性理論の話をもっと進めよう

きびしい残暑が続いているね。

庭の日時計を見てごらん。長くのびた影に、しのびよる秋の気配が感じられる。

夏の強い日ざしの中でいっぱいに成長した作物は、静かな実りの秋をむかえ、やがて種は厳しい冬の風の中でもしっかりと育まれ、やわらかな春の光の中で開花する。

さて、特殊相対性理論の中で述べられているもっとも重要な結果、物質（質量）が消えてエネルギーになり、エネルギーから物質（質量）がうまれる、というおどろくべき結果について話をしよう。

その前に、力学の初歩を少しだけおさらいしておこうかな。

バスに乗ったときのことを思いだしてごらん。バスが急に動き始めると、体は進行方向と反対の方に傾き、止まると前のめりになる。これは、すべての物体は今までの状態をいつまでも保っていようとする性質（慣性）を持っていることを体験しているんだね。これが‘ニュートンの運動の第１法則’だ。

この慣性の大小をはかる尺度として‘質量’（きちんといえば慣性質量）という量が決められている。質量が大きいと慣性も大きい。慣性が大きいと、外から力を加えたとき、物体の運動状態を変え（速くしたり、遅（おそ）くしたり、止めたり）にくい。たとえば、バスが急に動き始めたとき、ころびそうになった子どもを支えるのは簡単だけど、大人は大変だね。これは大人の方が質量が大きいからなんだ。

ところで質量をもった物体の運動状態を変化させるには、外から力を加えなければならないね。これは、質量をもつ物体に力を加えると、その速度が変化するということだ。そして、毎秒あたりの速度の変化、すなわち加速度を、

$$\text{加速度} = \frac{\text{力}}{\text{質量}}$$

という形で表すことができる。

質量が同じであれば、大きな力ほど加速度は大きくなる。加える力が一定なら質量が小さいほど加速度は大きくなる、ということだね。バスのスタートが急であればあるほど、力が大きいために、乗っている人の体は勢いよくゆれる（加速度が大きい）。同じ大きさの力を質量の小さい子どもがうけるとすれば、さらに勢いよくゆれる。上の式を書き直して

$$\text{力}\ (F) = \text{質量}\ (m) \times \text{加速度}\ (a)$$

これが‘ニュートンの運動の第２法則’だ。加速度の単位

はメートル毎秒毎秒（m／秒^2)、力の単位はニュートン（N)、質量はキログラム（kg)。1N の力を 1kg の質量をもつ物体に加えると、速度は１秒ごとに毎秒 1m ずつ変化する 1m／秒^{2}の加速度が得られるというわけだね（拙著『14 歳のための物理学』（春秋社）参照)。

ここで１つだけ注意！　ふだん私たちが使っている重さというのは、質量に働く地球の引力の大きさのことで、重さはその質量に比例しているということ。もっとも毎日の暮らしの中では重さと質量は似たようなものではあるけれど……。

（➡ノート８）

$E=mc^2$、質量からエネルギーが生まれる

本題にはいろう。

いま、静止している質量 m_0 の物体に力 F を加えて、加速度 a が生じているとしよう。

$$F=m_0\times a$$

この動いている物体を止まっている世界から見れば、動いている世界の時間は‘ゆっくり’流れて見えるから、速度の変化、つまり加速度（a）はちょうどスローモーションの画面を見ているように小さく見えるはずだね。

左辺の力 F は、時間の流れ方とは関係なくどの世界でも共通だから一定。したがって右辺が一定であるためには、a が小さくなったように見えるぶんだけ m_0 が大きくならなければいけない。動いている世界の物体の質量は、止まってい

る世界から見ると増加して見える！　ということだね。その質量の増加の割合は、７月の話にでてきた時間の流れの遅れの割合の逆数、すなわち $\sqrt{1-\left(\frac{v}{c}\right)^2}$ 分の１になって、運動する物体の質量ｍは、

$$m=\frac{m_0}{\sqrt{1-\left(\frac{v}{c}\right)^2}}$$ **（➡ノート９）**

７月の話の計算を思い出せばわかるね。

光速の $\frac{4}{5}$ で動いている1kgの物体の質量は、

$$1\text{kg}\times\frac{1}{\sqrt{1-\left(\frac{\frac{4}{5}\times c}{c}\right)^2}}=1\text{kg}\times\frac{5}{3}=1\frac{2}{3}\text{kg}$$

になり、光速の99.99％のスピードで走れば71kg！になってしまうんだ。もし $v=c$、光速になれば、質量は限りなく大きくなって無限大になってしまう。つまり加速できなくなってしまう！

ここまでくれば、特殊(とくしゅ)相対性理論はもうひと息。見方をかえて見てみよう。

物体の速度を大きくするためには、外から力を加えなければならない。力を加えるということは、その物体にエネルギーを与えるということだね。ところが、速度が大きくなるということは‘質量が増加する’ということなのだから、結局、

‘質量とエネルギーは同じもので、互(たが)いに姿を変えたもの’である、ということになる。こうして、質量とエネルギーは関係づけられ、その結果はおどろくほど簡単な式で結びつけられていることが、アインシュタインによって発見されたんだ。

エネルギー＝質量×(光速度)^2

記号で書くと、

$E=mc^2$ （➡ノート9）

これが特殊相対性理論の中で、もっとも重要な結論なんだね。それではこの式を使って少し計算をしてみよう。質量の単位はkg、光速はm／秒、エネルギーはジュール（J）であらわされる。1Jのエネルギーとは、1Nの力で物体を1m動かすのに必要なエネルギーだ。

1kgの質量が消えたとすると、

$E=1\times(3\times10^8)^2=9\times10^{16}=9$ 京（J）

9京Jのエネルギーになるんだね。これは大火山の爆発(ばくはつ)5万回分のエネルギーに相当する。マグニチュード7以上の大地震(じしん)のエネルギーは1000兆Jだから、質量に直すとわずか10gということになる。

エネルギーと質量が混ざりあったもので、姿を互いに変えたりすることは、実際にいろいろと観測されているんだ。たとえば、陽電子と電子が衝突(しょうとつ)して光になって消えてしまったり、反対に強い光が消えて電子と陽電子が生まれたり……これを‘対消滅(ついしょうめつ)、対生成(ついせいせい)’とよんでいる。

$E=mc^2$ は、もっと私たちとかかわりあっている。それは138億年の昔、この宇宙が始まって以来、星がエネルギーを放出し続け、現在我々が存在しているのはまったくこの $E=mc^2$ という事実によっているんだ。

太陽はごくありふれた星だけれど、そのエネルギー源は水素４個をヘリウム１個にかえる熱核融合反応だということがわかっている。元素の周期律表を見てごらん。４個の水素原子とヘリウム１個の質量を比べるとその0.7％が消えていることがわかる。（➡ノート10）　この消えた0.7％の質量がエネルギーに変わってしまったんだ。1kgの水素がヘリウムに変わると7gの質量、6.3×10^{14}Jのエネルギー（大型台風１個分）が生まれてくる。太陽はこうしてエネルギーを放出し続け、地球の生命と環境を育んできたんだね。

太陽は毎秒440万トンずつ、その身をけずって軽くなっている。１日にすると3800億トン。これは太陽の質量のおよそ５兆分の１だから、まだまだ輝き続けるだろうけど感謝しなくちゃいけないね。（➡ノート10）

このようにアインシュタインの特殊相対性理論は、宇宙エネルギーの根源である星の熱源についても明らかにしたんだ。しかし一方で、人類は第３の火として原子力を生み出した。それは地上に小さな太陽をつくるということで、その基礎となったのがたった１つの式、$E=mc^2$ だったんだね。晩年のアインシュタインがなぜ熱烈な平和運動を展開したか、その理由がわかるだろう？

太陽もそろそろ西に傾(かたむ)いて、夕風がコトコト窓をたたいている。風立ちぬ。いざ、生きめやも（堀辰雄）。

October

10月の便り

重力のある世界——一般相対性理論への第１歩

久しぶりに海辺に出てみました。秋の夕暮れどきの海の風情はすばらしい。静かな潮騒の音はまるで子守歌のようだ。太古の昔から我々生あるものを育んできた母なる海……。

あつい雲間からひとすじの光がもれると、波間のきらめきは、まるで妖精たちがバラ色と金色の輪を描きながらコズミック・ダンスを踊っているかのようだった。

こんな光の情景の中にも、宇宙の姿をかいま見ることができる。

真空中で光は直進する。もし直進しないとしたらカメラや望遠鏡、それに鏡さえつくることはできなかっただろう。また、かくれんぼをすることもだめだろうね。ものかげに隠れていても鬼の方に光が曲がってもれてしまうから、すぐに見つかってしまう。ところがレンズや水などで光が屈折したり反射することはともかく、宇宙空間の真空の中でも重力があれば光は曲がるんじゃないかと考えた天才がいたんだ。それはもちろん、アインシュタインだ。

彼は光が曲がるということを、時空のひずみと結びつけ、時空をひずませるものは、そこに存在する質量をもった物体そのものだと考えた。そして、物質とエネルギーをふくめて、宇宙の時空の形を幾何学（きかがく）という数学の言葉だけで書きあげてしまった。これが1915年に発表された「一般相対性理論」だ。「特殊（とくしゅ）相対性理論」が等速度運動の世界を扱っているのに対して、今度のは一般の加速度運動の世界にまでおしひろげて考えている。今日は、その話から始めよう。

エレベーターのことを考えてごらん。急に上がり始めると、体が床（ゆか）におしつけられるような、地球の重力が大きくなって体重がふえた感じがするね。また、急に下り始めたときは、体がフワッと浮（う）くような気持ち、地球の重力が弱くなったように感じる。

実際にはあってほしくないことだが、もし、エレベーターの綱（つな）が切れたら、どうなるかな？　エレベーターと中の人が同時に自由に落下するのだから、その人はエレベーターの中でふわふわ動きだして、重力がなくなったんじゃないかと思うだろう。

つまり、加速度のある世界は、重力をつくったり消したりすることができるんだ。（➡ノート6）

ところが昔（むかし）から、重力とはありとあらゆる場で質量さえあれば絶対的に存在する、宇宙本来からそなわっている力であると信じられてきた。重力が‘万有引力’とよばれる理由だね。**(➡ノート11)** しかし、アインシュタインは‘加速度をもつ世界と重力のある世界とは同じであって区別できない（等価原理)’と考え、これを「一般相対性理論」の基礎にしたんだ。

光は曲がる

「一般（いっぱん）相対性理論」から、重力のある世界、言いかえれば加速度をもつ世界での光のみちすじについて考えてみよう。

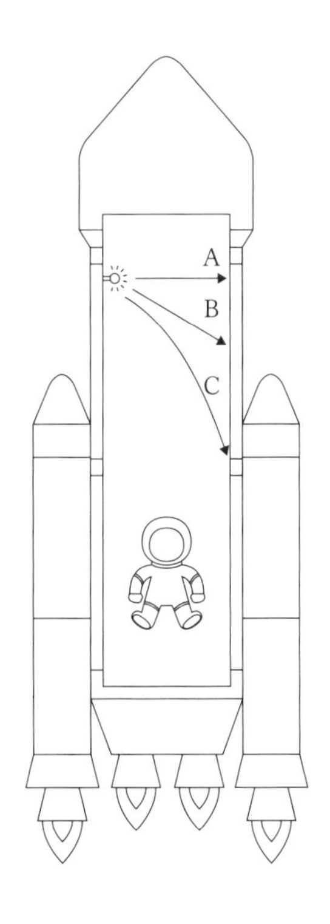

無重力の宇宙空間に宇宙ロケットが浮かんでいると想像してごらん。ロケットの中では、一方の壁に光源があって、光が床と平行に進むようになっている。床の上では物理学者が光のみちすじを観測しているんだ。ロケットが静止していれば光はＡのようにまっすぐに床と平行に進む。

一定速度で上に向かって飛んでいれば光が走る間にロケットも上に一様にずれていくからＢのように、下向きにまっすぐ進むだろう。ところで、光が光源を出た瞬間にロケットが上に向かって加速されたらどうなるかな？　光が進む間に、ロケットはどんどん速度を上げていくのだから、光はＣのように‘下に向かって曲がって進む’。もちろんロケットの外にいる人には、光とロケットの運動はまったく関係ないからまっすぐに進んだように見えるはずだ。

ここまで話せばわかるかな？　上に向かって加速度運動したということは、下向きに重力をつくったということ。重力のある世界では、石やボールが落ちるように、光も落ちながら曲がるということなんだね。

地球にも重力があるのに、どうして光は曲がって進むように見えないのか不思議だね。でもこれは簡単な計算で確かめることができる。

地球上で手に持った石を静かに離すと、「落体の法則」から、t 秒間に落ちる距離 S は

$$S=4.9\times t^2\ (\mathrm{m})$$

1 秒間で 4.9m 落ちるわけだね。

光は1秒間に30万km進む。（➡ノート12）　日本列島は長さ約3000km、光はそれを100分の1秒で進むわけだが、その間に落ちる距離は

$$4.9\times\left(\frac{1}{100}\right)^2=0.00049\ (\mathrm{m})$$

実際に光は落ちて曲がっているのだけれど、3000km進む間にわずか0.49mmでは、我々の日常の感覚では落ちたように見えないんだね。

ところが太陽ぐらいの星になると、そばを通る光はかなり影響を受ける。1919年5月29日の皆既日食のとき、太陽の近くを通る星の光がアインシュタインの計算どおり曲げられていると、イギリスの観測隊によって確かめられている。（➡ノート13）

アインシュタインはさらに、質量をもった物体の存在による空間の曲がり、ゆがみを考えて、曲がった空間では、光もふくめて物体の運動はけっして直線にはならず、曲線を描いた方がエネルギーが少なくてすむことを数学的に証明した。自然というのはとても単純にできていて、光でも物体でも、与えられた条件の中でいつも最短距離を選んで運動しようとする。短い時間でいけるような道すじを選んでいるんだね。（➡ノート14）　だから光が曲がるということは、曲がった方が近道だからで、とすればその空間が曲がっていると考えるのが自然だということになるんだね。

　ついこの間まで海の水をすくう形をしていた北斗七星（ほくとしちせい）が、今は空高くのぼって地上に水を注いでいる。
　季節は確かに冬に向かっている。

November

11月の便り

空間が曲がっている

朝早く、南西の空を見たら、なつかしい冬の大3角形が見えていました。シリウス、プロキオン、ベテルギウス。3つの1等星で作られる天上の大きな3角形。

この3つの星がプラネタリウムの丸天井に投影されたとして、この3角形の角度の和を計算したら、これは不思議、185.3度になる。今月はこの話から始めよう。

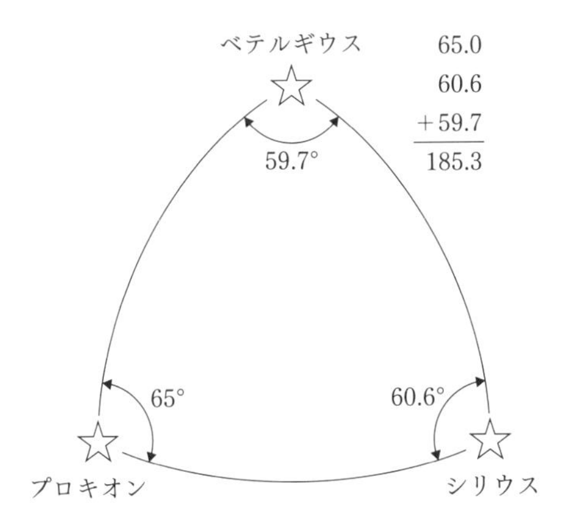

ふつう3角形の内角の和は180度だね。ところが‘8月の手紙’に書いたように、地球儀（ちきゅうぎ）のような球面にかいた3角形は180度より大きくなり、逆に馬のくらのような面では180度より小さくなってしまう。

2次元という面を考える限り、その面が平らであるか、曲がっているかによって、その上にかかれた図形の性格がちがってしまうんだね。

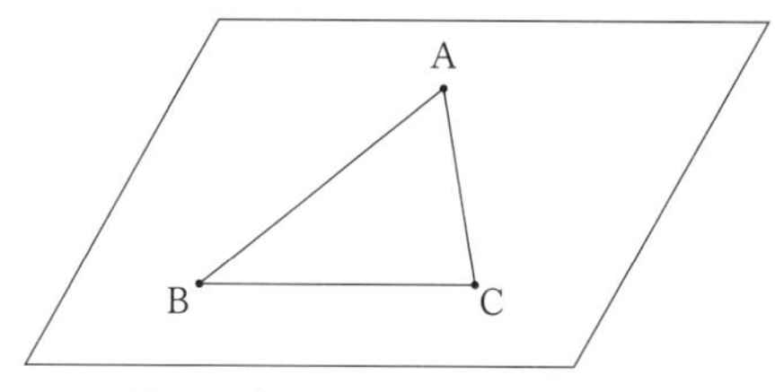

平らな面　∠A＋∠B＋∠C＝180°

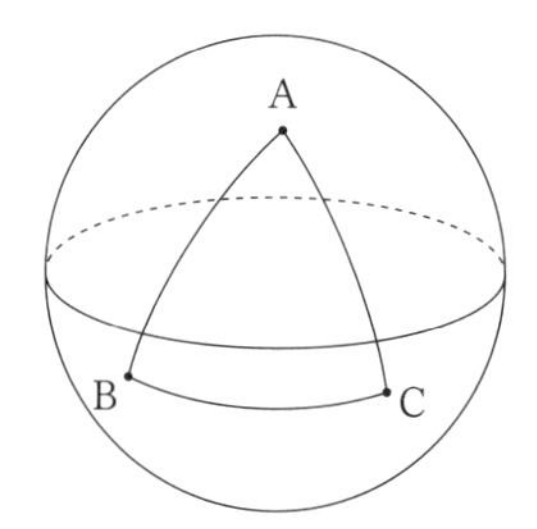

正に曲がった面　∠A＋∠B＋∠C＞180°

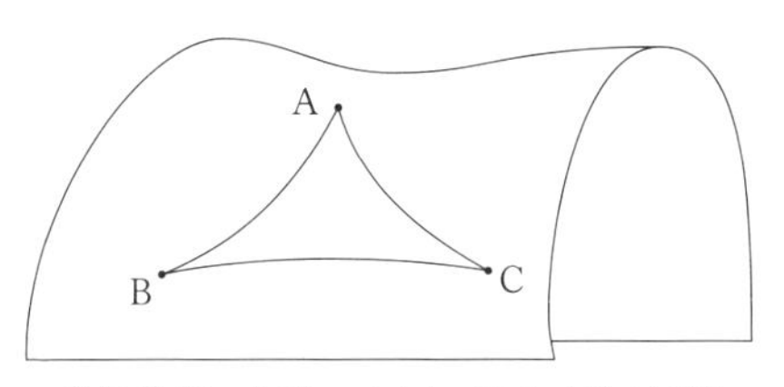

負に曲がった面　∠A＋∠B＋∠C＜180°

線だってそうだ。2点間の最短距離(きょり)を求めるために、2点の間にゴムヒモをピンと張ってみよう。平面では確かに直線になるけれど、曲面では曲線になってしまう。これは地球という球面上の航空路線を地図という平面に投影(とうえい)すると、極端(きょくたん)に曲がってかかれてしまうことからもわかるね。

このように、その面上に3角形をかいてみて、その内角の和が180度より大きければ‘正に曲がった’、小さければ‘負に曲がった’面、180度なら‘平ら’であるといえるわけだ。プラネタリウムのドームに投影された冬の大3角形は‘正に曲がった’世界での話ということになるね。

正と負に曲がった面と平らな面にそって、ビー玉を走らせる実験をしたとする。

それぞれのビー玉は余分のエネルギーと時間を使わないように、平らな面ではまっすぐに、凸凹の面では曲がって進むだろう。これは自然が1つの秩序を保つために、必ずみたさなければならない基本的な原理なんだ。光が進むときも、物が運動するときも、その道すじは例外なくこの原理にしたがう。

空間が曲がっていれば、その曲がりにそって進むし、曲がって進んでいれば、その空間は曲がっているということになるんだね。

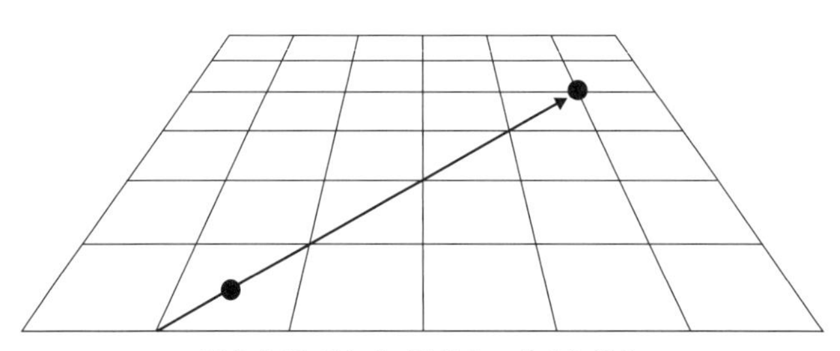

平らな面ではビー玉はまっすぐに進む

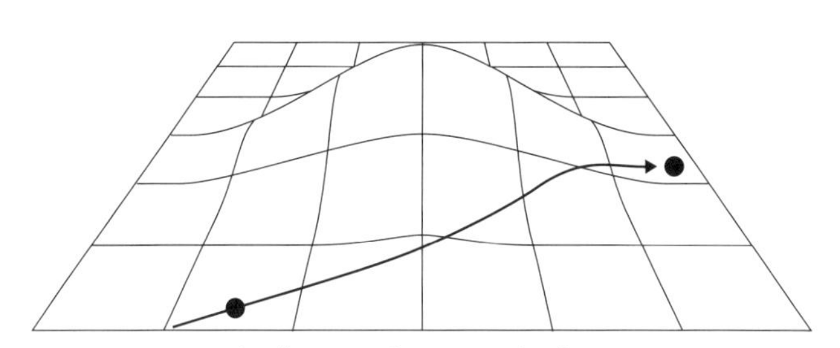

正に曲がった面ではビー玉は曲がる

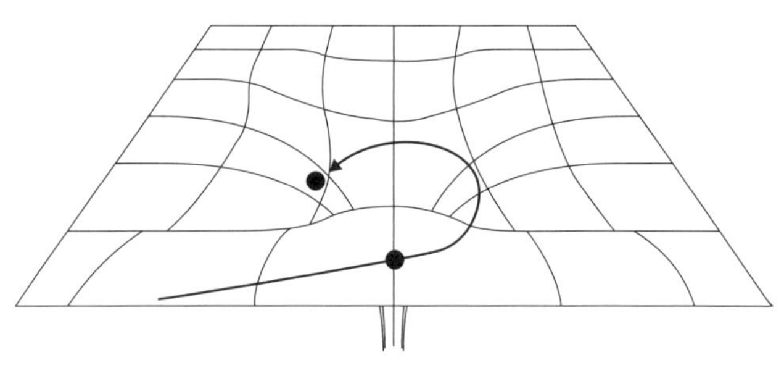

負に曲がった面でもビー玉は曲がる

一般相対性理論の話をもっと進めよう

ところで空間の曲がりについて、2次元の面の場合には、面の凸凹、2次元に生じた高さ方向（3次元）のひずみとしてすぐに理解できるね。それは私たちが3次元の世界で生活しているからだね。けれど、3次元の空間そのものの曲がりやひずみとなると、どうもつかみにくい。ところがアインシュタインは、時間もふくめた4次元時空の中で、それをやってしまった！　数学上のことだとはいっても、アインシュタインには、3次元空間におこった4次元のひずみが見えていたのかもしれないね。

「質量をもった物体が存在すると、その近くには重力を作りだす空間領域ができる。ところで重力があれば光は曲がる。光が曲がるということは、空間が曲がって（ひずんで）いるからだ。つまり、質量をもった物体の近くの空間は曲がって（ひずんで）いる！　そして、そのゆがんだ空間の中でもっとも自然な線上を光や粒子は自由に、自然に進むのだ。」

アインシュタインはこうして4次元時空の幾何学的構造の中に、重力の原因となる質量をくりこみ、時間、空間、物質を1つにまとめて考えようとしたんだね。言い方をかえれば、空間の曲がりによるひずみのエネルギーが、物質を生みだしている、ということで、宇宙といういれものに入っているすべてのものを統一的に眺めようとしたんだね。そのようにしてアインシュタインは何かわからない現象をうまく説明するためにではなく、まるで芸術家が作品をつくるときと同じように、宇宙を美しく理解するためのひとつの創作物語として「一般相対性理論」をつくったんだ。

しかもこの創作物語は真実を語っている。よく読んでみると、今まで謎（なぞ）とされてきたいろいろなことに、答がでてきてしまうんだ。

たとえば水星の近日点（きんじつてん）移動の謎があった。太陽のまわりをまわる水星の軌道（きどう）が太陽にもっとも近づく点（近日点）が、100年に574秒の角度だけずれるという現象を、フランスの天文学者V.ルヴェリエが1843年に見出した。そしてこのずれの大きさは万有引力の法則からだけではどうしても説明できず（誤差43秒）水星の内側に未知の惑星（わくせい）（バルカンという名までついていた！）があるのではないかと、天文学者たちは一生懸命（けんめい）探したけれど結局見つからず、これは長い間謎となっていた。

ところが、アインシュタインの示した基礎方程式を解いてみると、その計算値は、まさに42.9秒だった！　太陽の近くの空間が、太陽の質量によって少しひずんで、水星はそのひずみにそって少しずつ移動していたんだね。

ほかにも宇宙の不思議がいろいろわかっている。

赤色巨星（せきしょくきょせい）といって太陽の数百倍も大きく、重い星の表面では、重力がとても強いので、その星から出る光は重力の強い加速度にひき戻（もど）されてエネルギーを失い、弱い赤っぽい光の方にずれる（赤方偏移）こと。また強い重力のところでの‘時間の遅れ’なども予言され、観測によって確かめられている。

しかし、なんといっても一番ドラマティックなのは、‘ブラックホール’の予言だね。

前にも書いたように、巨大な星が燃料を使い果たしてくると、内部の圧力が下がり外側の部分を支えきれなくなる。そして自分自身の重みにたえかねてつぶれていくんだね（重力崩壊）。するとせまい空間に巨大な質量が押し込められて、素粒子そのものまでもつぶされてしまう。星の芯はあまりにも小さく、あまりにも重くなって、まわりの空間を大きくゆがめ、光は星のまわりをまわるだけで外に出られなくなる。しかも、その強い重力は近くのものをすべてのみこんでしまうという、想像を絶する世界ができあがるわけだ。それは、もし地球がブラックホールになるとしたら、半径がおよそ9mmまで縮むような世界なんだ。**（➡ノート15）**

光が出られないとなると、私たちにはその存在を直接確かめることができない。ところが、謎の1点のまわりを5.6日の周期でまわり続けるHDE226868という青い星のガスが、ものすごい勢いでその1点に吸い込まれていくようすが観測された。これが1972年に初めてその存在が確かめられた、白鳥座のシグナスX1とよばれるブラックホールだったんだね。

ブラックホールは、ちょうど今から138億年前の宇宙の始めの状態に似ていると思わないかい？　なぜなら、ブラックホールは、大きな星が限りなく小さな空間に押し込められ、縮んだものなのだから……。

ここでひとつ、つけ加えておきたいのは「一般相対性理論」から予測される重力波だ。爆発するかのように宇宙膨張がはじまったり、星が超新星爆発したりあるいは２つのブラックホールが合体したりしたときには、そのまわりの空間が重力の歪みでゆがむことが予想される。その歪みがさざ波となって宇宙空間を伝わるのが重力波だ。最近、アメリカの研究チームがその観測に成功したという重大ニュースが世界をかけめぐった。この観測技術が更に進歩すれば、宇宙誕生のその瞬間に迫れるかもしれない。

こうして考えてみると、「一般相対性理論」とは、宇宙の中で、始めての素粒子ができる前のことから、大宇宙の終わりまでを語ろうとする、壮大（そうだい）な物語なんだね。

夜も更（ふ）けて‘眠りのブラックホール’に吸い込まれそう。今夜はこれでおしまいにしよう……。

December

12月の便り

宇宙、この不思議ないれもの

目がさめたら初雪が降っていたよ。

窓ガラスには霜(しも)の結晶(けっしょう)の小さな6角形の星。朝日にキラキラと輝(かがや)いている。この雪も霜も、138億年の昔(むかし)につくられた水素原子と、星の進化の過程の中で作られた酸素原子とが、めまぐるしく電子のやりとりをしながら、104.5度ぴったりの角度で手をつないだもの。それは太古の昔から変わることもなく、全宇宙の中にあるすべての水に共通のことなんだね。

かつて1つの小さな点のような領域に閉じ込められていた水素原子のいくつかは、縁(えん)あって太陽をつくり、地球をつくり、そしてあるものは雪となり、私たちとなった。個性のない原子たちが集まって個性をつくることの不可思議！　無限の時間を待ち続けたとしても2度と同じ組み合わせをくり返すことのない不可思議！　こうして雪を見ているだけで、人間が存在していることの不可思議さがつのってくるね。

モーニング・コーヒーをいれてみる。この白い美しいコーヒーカップは地球の岩を溶かしてつくられた。岩は星のかけら、それは何十億年もかけて星自身がつくったもの。そこにも宇宙の進化の歴史がひめられている！

中のコーヒーは、といえば、地球に降った１滴の雨が木の根から吸い上げられ、太陽の光と二酸化炭素を取り入れて、再び酸素といっしょに光の中にとびたつ過程の中でつくられたもの。コーヒーは水と光の化身。

カップの中の熱いコーヒーは渦を描き、星間ガスから星が誕生するようすを再現している。少量の砂糖はめまぐるしく動きまわる水の分子と衝突をくり返しながら拡散し、エネルギーを失ったコーヒーはしだいに冷えていく。その美しい冷却曲線は、138億年の昔、限りなくまぶしく、限りなく熱かった宇宙が、時間とともに冷えていくようすを私たちに見せてくれる。

１杯のコーヒー、１片の霜にも宇宙のすべてが映っているんだね。そして、それをいま、ここで見ている‘自分’というものが、広大無辺な宇宙の中にはっきり存在しているという事実も、しっかり胸に刻んでおいてほしい。

宇宙は私たちをつくり、私たちの意識の中に宇宙は確かに存在する。しかも宇宙自身はそれを知らない。このように私たちは大宇宙のほんの１部分にすぎないのだけれども、逆に見れば大宇宙全体が反映された小宇宙なのかもしれないね。そこに生きるための道しるべを求めた古代インド哲学では、それを‘梵我一如’と表現した。

宇宙神話「相対性理論」は語りつがれる

世界はたえずうつろい、変化している。その変化の中に自然の基本原理を求め、自然の一部としての自分を意識することから、物理学は始まった。

1つの小石の運動を思い出してごらん。

17世紀の初めに、イタリアの物理学者G. ガリレイは、石の重さに関係なく、すべての石は同じように落ちることを発見した。‘落体の法則’だね。

17世紀の終わり、イギリスの物理学者I. ニュートンは、石も月も同じように落ちることを発見し、月が地球のまわりをまわることを、‘地球のまわりに永遠に落ち続ける月’として表現した。

20世紀になって、アインシュタインは、空間、時間、物質すべてをふくんだ4次元時空を考え、物体の落下は、曲がった4次元時空の中を物体が自然に動く姿としてとらえた。重力があるということは空間が曲がっていることであり、空間が曲がっていれば、その曲がりにそって物体は自然に自由に動くものとして世界像をつくりあげたんだね。たとえば、地球が太陽のまわりを回るのも、太陽という大きな質量をもつ物体によってゆがめられた時空の中で、地球は最短距離を石が自由に落ちるように動いていると理解するんだね。

自然はより単純であるはずだし、そうあるべきだ。アインシュタインはそう主張し、すべてを統一的に理解しようとした。そうした彼の相対性理論の中に、深い哲学の香りを感じるのは私だけではないと思う。

確かに相対性理論は、まだ完全とはいえない。しかし宇宙の始めから終わりまでのプロセスを語り、物質と大宇宙の構成を結びつけようとするこの壮大な物語は、今でも多くの物理学者によって受け継がれ、さらに発展させられている。

宇宙はこれからも膨張し続けるのか、それとも、いつかは収縮をはじめるのだろうか？　「一般相対性理論」という美しく壮大な神話のもとに、現在でも観測が行われ、予測が出されているんだね。（➡ノート４）

季節の移りかわりは早いものだ。もう、最終便の手紙を書く‘とき’を迎えてしまった。この 12 ヵ月の手紙を通して、十分に話すことができたとは思わないけれど、少なくとも宇宙とアインシュタイン、そして私たちがいかにかかわっているかはわかってくれたと思う。

宇宙の一部分としての自分、その存在の不可思議さ……。それを感じてくれれば十分だ。‘教える’ことは希望を語ること、‘学ぶ’ことは真理を胸に刻むこと！　いつまでもお互いに、相手にとって自分が‘やさしい存在’でいられるよう……。

今年の終わりには、みんなで星空を見上げて新しい星座をつくってみよう。89番目の新しい星座。クリスマスを楽しみに！

物理学者からのクリスマス・メッセージ

サンタクロースは実在する！　本当にいるんだ。見えないからいない……なんていうのは理由にならない。絵の中から音が**聞こえたり**、音が**見えたり**するじゃないか。それにもう、君は、相対性理論を知ってしまった。

地球には約25億の家がある。サンタクロースはクリスマス・イブの日に、地球の自転を考えても24時間（86400秒）で、これを全部まわらなければならない。すると1軒（けん）あたり、

$$86400 \div 25\text{億} = 30000\text{分の}1\ (\text{秒})$$

これでは見えるはずがない？！

ところで地球の半径は約6400km。表面積は

$$4 \times 3.14 \times (6400)^2 \fallingdotseq 5.1 \times 10^8\ (\text{km}^2)$$

それぞれの家が一様にあるとすると、1軒（けん）あたりの面積は、

$$5.1 \times 10^8 \div 25\text{億} \fallingdotseq 0.2\ (\text{km}^2)$$

となりあった家の間の距離（きょり）は、この値の平方根をとって

$$\sqrt{0.2} \fallingdotseq 0.45\ (\text{km})$$

450mだね。

ところで、トナカイのそりのスピードは、サンタが子供た

ちへのプレゼントを持って家の中をそおーっと歩くスピードの約20倍ちょっと。トナカイが１つの家からとなりの家まで行くのに要する時間は

$$\frac{1}{30000}\times\frac{1}{20}\text{秒以下}$$

トナカイのスピードは

$$450\div\left(\frac{1}{30000}\times\frac{1}{20}\right)=2.7\times10^{8}\ (\text{m／秒})\ \text{以上}$$

これは光速度（3×10^{8}m／秒）に近くなって、時間は止まってしまう。

光速で走るトナカイに乗って、１日で世界中の子どもたちにプレゼントを配るサンタクロース。サンタの秘密がわかったかな？

それからサンタが１年中で年をとるのは、イブの日にプレゼントを配るために家の中を歩いている間と、その翌日、お休みをとって寝（ね）てる間の２日間だけなんだ。あとの363日は、光速に近いスピードでかけめぐり、よい子、悪い子の見張りをしているんだ。結局私たちの１年はサンタにとってはただの２日、サンタにとっての１年は、私たちの182.5年なんだね。これがサンタが何百年も生きている秘密。

それからサンタの家は北極の近くにあるんだ。あの美しいオーロラは、サンタが家の近くでスピードを落とすときに、

余ったエネルギーが光となってできるんだって。雨上りの虹も、サンタが地上をかけぬけるときの発光現象だし、こわれたおもちゃがいつの間にか新しくなるのは、サンタがこっそり持っているミニ・ブラックホールをうまく利用しているらしいんだ。

ところで詳しい話は不明だが、シカゴ大学のG. ホロヴィッツとB. キサントポーラスが、相対性理論の立場からサンタの秘密を解いたという話が伝わっている。

サンタが物理学を勉強している！　これは本当の話……。

それでは、よいクリスマスを！

★

第 2 章

素粒子・この小さな宇宙

109053 km
10.5 km
-10.0 °C
0 km/h
16:15

Spring

春のたより

光が語りかけるもの

春はあけぼの。‘よる’が‘ひる’と別れようとするひととき、天地は一瞬(いっしゅん)静まりかえる。空の微妙(びみょう)な色合いのうつりかわり。それを見るたびに、私は、光という不思議な存在とダイナミックな自然の息吹きに心をうたれる。

自然は光から生まれ、季節はまず、光の中に訪れる。

私たちが住んでいるこの世界を、深い闇(やみ)から解き放ってくれる光——それは太古の昔(むかし)から人々に文字通り‘希望’の光を与えつづけるものであり、神そのものでもあった。

たとえば神話を思い出してごらん。古代人にとって天空は神々の住む偉大(いだい)な領域で、そこに光り輝(かがや)いている天体こそが神であると考えていたらしい。とりわけその中心となる太陽は、ギリシャでは‘アポロン’、ローマでは‘ソール’、そして日本では‘天照大神(あまてらすおおみかみ)’として登場している。夜の闇にひとすじの希望をなげかける‘あけぼの’だってそうだ。インドでは‘ウシャス’、ギリシャ、ローマでは‘エーオス’や

‘アウローラ’、そして日本では‘わかひるめのみこと’として、いずれもうるわしの乙女神であったり、若くみずみずしい神々だとされていたんだね。

それから紀元前1000年以上も前に書かれたインド最古の本『リグ・ヴェーダ』の中に登場する天空の神‘ディヤウス’も、ギリシャ神話の中の宇宙最高の神‘ゼウス’も、その名の語源は‘光り輝くもの’という言葉に由来している。そして君も知っているように、旧約聖書の一番初めには、天と地につづいてまず創られたのが光であったと記されている。

このように、光によせる人々の想いは、神話や宗教を生み、文化をつくり出す源泉ともなってきたのだけれども、ここで私がとても興味深く思うのは、現代の最先端の宇宙論でも、宇宙ははじめ光として生まれた、とされていることなんだ。これがすなわち‘ビッグ・バン・モデル’といわれる考えだ。

‘ビッグ・バン・モデル’——この宇宙は今から138億年の昔、無もないところから突如として１点の光として生まれたということ。とにかく、はじめに光があった。そして、そこから物質が生まれ、星が生まれ、そして私たちが生まれたということだ。

さて、最近の理論によると、宇宙誕生の時には少なくとも何十種類かの光が存在していたらしい。そして、ほとんどの光は、宇宙の進化の過程で消滅したり、一部の素粒子の中に閉じこめられてしまったりして姿を消し、今、私たちの目の前にある光だけが生き残ったとされている。いいかえれば、今、私たちがみている光には宇宙誕生の時の名残りが秘められており、逆に考えれば、光の本性を知ることによって、この宇宙それ自身を知ることができるわけだ。

こうして考えてみると、光というのは不思議な存在だね。これからしばらくの間、光のことをお話しよう。

光は波だ

夏の日の緑の木蔭は夏を忘れさせ、冬の夜の暖かい暖炉の微笑みは冬を忘れさせてくれる。これは、光り輝くものが太陽であっても、ちろちろもえる暖炉の火であっても、そこから放射される光が熱エネルギーを運んでいて、それをさえぎれば涼しくなり、それを受ければ暖かくなるということだね。そして、光をさえぎることができるということは、光がまっすぐに進むということを意味している。

ところが、光のみちすじをくわしく調べてみると、ごくわずかではあるけれども、ものかげの後にまわりこんで、影になる部分ににじみだしたり、あるいはふたつの小さなすきまや穴を通りぬけた光が明暗の縞模様をつくったりすることが知られている。これは港につくられた防波堤の内側に波がまわりこんだり、あるいは水面の２ヵ所に同時に小石をなげてつくったふたつの波紋がひろがりながら、たがいに強めあったり弱めあったりして美しい縞模様をつくるのとそっくりなんだね。これらは波の回折、干渉とよばれている現象で、波に特有の性質だ。ということは、光もまた波だ、ということになる。

いつだったか、皆既月食（かいきげっしょく）のときに、地球の影になって太陽の光が届くはずがないところに光がまわりこみ、うっすらと月の輪郭（りんかく）が見えていたことをおぼえているかな？　それから、うすい２枚のレースのカーテンが重なったところに不思議な縞模様ができることも知っているね？ **（➡ノート１）**　いずれも、光が波であることの証拠（しょうこ）なんだ。

さて、波というのは物質の振動（しんどう）が伝わっていく（伝播（でんぱ））現象だ。たとえば、海の波は海水という物質の振動の伝播だし、空気という物質の振動が伝わっていけば音波となる。もし、空気がうすくなれば音波は弱まり、真空中では音は聞こえない。つまり、その振動の伝播がエネルギーを運んでいるというわけだ。

それでは、光の波とは、一体何が振動しているんだろうね？

じつはこれは物理学者にとって、重大な問題だった。なぜなら、なにもない真空の宇宙空間を、星の光はたしかに旅してくるのだから！

この光の不思議な性質にはじめて説明を与えたのが、J. C. マクスウェルというイギリスの物理学者で、1861年のことだった。

彼は、光は電気振動の一種で、星が空間に光を放射するのは、じつは電気振動を送りだしているということであって、それを伝える物質は必要ないことを理論的に示した。

マクスウェルの理論はこういうことだ。電気を帯びた粒子(りゅうし)(帯電粒子)が空間にひとつあったとしよう。そのまわりに別の電気をもった粒子がくれば、その粒子はなにか電気力を感じるだろう。つまり、帯電粒子のまわりには電気力を感じさせる領域(電界または電場、あるいは力の場)ができているわけだ。もしその帯電粒子が振動すれば電界もゆれうごき、その近くにある別の帯電粒子もその力を感じてゆれうごくことになる。

いいかえれば帯電粒子が振動することによって電気力の波がまわりに送りだされるわけだね。これが電磁波とよばれるもので、光の正体というわけだ。(➡ノート2)

電気の波と磁気の波――電磁波

ところで、この電気力の波は、同時に磁気力の波を生みだすことが知られている。これは、電流が流れている導線の近くに磁石を近づけると力を感じたり、コイルに電流を流すと磁石になること(電磁石)からもわかるね。つまり、電気と磁気の波は、切りはなすことができなくて、これが電磁波とよばれる理由だ。

さて、この電磁波は、波の山から波の山までの距離(きょり)、すなわち波長のちがいによって性質もちがってくる。目に見えないX線やラジオやテレビの電波も、目に見える可視光も、同じように電磁波だ、ということだ。ついでだから、電磁波のひろがりと波長との関係を図に書いておこう。

ここでひとつだけ注意。電気振動が1回おこるごとに電気力の波がひとつ送りだされるわけだから、1秒間には、毎秒あたりの電気振動の回数（振動数）個だけの波が送りだされ、先頭の波が進む距離が、波の速さになることから

波の速さ＝波長×振動数　……①

になる。

これは光の波にかぎらず、どんな種類の波にもあてはまることをおぼえておくこと。

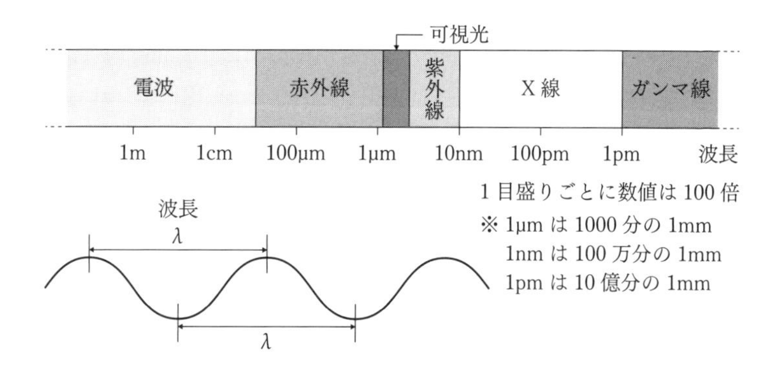

光は粒子（りゅうし）だ

遠い星の光が、なにもない宇宙空間の真空を旅して私たちのところまでとどくのは、光が電磁波の一種だからだということはわかったね。ところが、このことをよく考えてみると、

また不思議な矛盾(むじゅん)にぶつかってしまう。

水の中に小石をなげてみよう。小石がおちたところを中心にして、美しい波紋(はもん)がきれ目なく一様にひろがっていくのがわかるね。そして、波紋は、遠くに行けば行くほど、大きくひろがり、弱くなっていく。

さて、星から放射される光も波なのだから、ちょうど小石の場合と同じように、光が星から離(はなれ)れば離れるほど弱くなっていくはずだ。くわしくいうと、星からの距離(きょり)が2倍になれば、星を中心としてそこまでの距離を半径とする球面の面積は4倍になって、単位面積あたりの光の強さは4分の1になってしまう。いいかえれば、星から送られてくる光の強さは、距離の2乗に逆比例して弱くなるわけだ。

ところで、私たちの眼が星の光を感じるということは、網膜(もうまく)の上にあるレチナールとよばれる物質が光のエネルギーを吸収して化学変化をおこし、そのときの刺激(しげき)が脳につたえられるからだといわれている。

さて、このレチナールが化学変化をおこすのに必要なエネルギー量は実験によって確かめられているし、遠い星から送られてくる光の強さも計算することができる。そこで、太陽は今、地球から見て光の速度ではしるとおよそ8分20秒ほどの距離にあるけれども、それを少しずつ離していって私たちの眼(め)で見えるぎりぎりの距離を計算してみると、なんと0.18光年。

ここで太陽は、この宇宙の中にあるごく普通の恒星(こうせい)だということを思い出してごらん。太陽よりもっともっと大きく明るい星はそんなにたくさんは存在しない。ということは、どんなに明るい星を考えても、1光年以上も離れると暗くなりすぎて見えないということになってしまう！　(➡ノート3)

おかしいことになってしまった。考えてごらん。私たちにもっとも近いケンタウルス座のα(アルファ)星は4.3光年、冬の夜空をかざる大犬座のα星シリウスは9光年、春をつげる乙女座のα星スピカはなんと250光年！　いずれも私たちは、これらの美しい光を見ることができる。なぜこんな矛盾がおこってしまったのだろう？　じつはそれは、星からでた光が、普通の波のように一様にひろがると考えたところに問題がある。つまり、光の波は、空間の中にまんべんなくひろがるのではなくて、かたまりになって、いいかえれば粒子のようにふるまいながら雨やあられのようにとんでくると考えるしかない。光が粒子になってとんでくるとすれば、星からの距離が大きくなればなるほど目の中にとびこむ粒子の個数はへっ

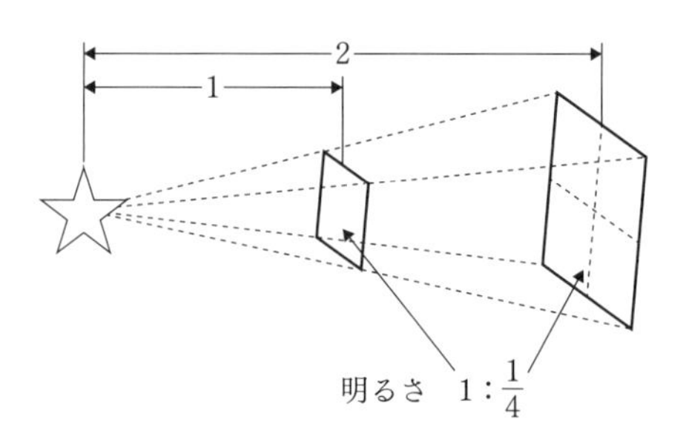

て暗くなるけれども、粒子ひとつのエネルギーは変わらないから弱い光でも見ることができるわけだ。

光は、波としての性質と粒子としての性質を同時にもっているということになる！

光の量子、フォトン

光だけでなく、すべての電磁波が粒子（りゅうし）の性質をもっているのではないか、という考えは、ドイツの物理学者 M. プランクが 1900 年に‘プランクの量子仮説’として提唱していた。‘量子’というのは、エネルギーが粒（つぶ）のようにかたまっていて、ひとつ、ふたつと数えられるような状態で、いいかえればエネルギーの束（たば）の最小単位にたいして名づけられた言葉なんだ。

さて、このプランクの考えをさらにおし進めたのが、相対性理論の創始者アインシュタインだ。彼は、金属に光をあてると中から電子がはじき出されるという‘光電効果’（➡ノート 4）を見事に説明して、光の性質を解明した。

1905 年、アインシュタインは、光のエネルギー（Eと書こう）は振動数（しんどうすう）（ν（ニュー）と書こう）に比例して大きくなり、光のひとつぶひとつぶは、

$$E=h\times\nu \quad \cdots\cdots②$$

で与えられるようなエネルギーをもっていると考えたんだ。ここで、エネルギーの単位をジュール（J）として、振動数を毎秒あたりではかるとすると、h は 6.6×10^{-34}J・秒であ

ることが詳しい実験で知られていて‘プランク定数’とよばれている。

　何やらむずかしいことのようになってしまったけれど、今は、その数字の意味することなど考える必要はない。ただ h はとても小さい値をもっているけれど０ではないことだけをおぼえておいてほしい。つまり、電磁波の振動数が変化するごとに、エネルギーは h を単位とする階段を登っていき、変わっていくということをこの式は示しているんだね。

　ところで①式をおぼえているかな？（p.96）　光の速さを c、波長を λ（ラムダ）とかけば、

$$c=\lambda\times\nu$$

これから $\nu=c/\lambda$、これを②式に入れると

$$E=h\times\left(\frac{c}{\lambda}\right)\quad\cdots\cdots③$$

とかけることに注意。

　さて、③式をよく見てごらん。左辺の E はエネルギーのかたまり、つまり光の粒子性（りゅうしせい）を表し、右辺は波長 λ があることから光の波動性を表している！　この式は、粒子と波をつなぐ式だということだ。

　ここで、この式の意味を考えてみようかな。前にあげた電磁波の表をみてごらん。電磁波の波長はテレビ電波、赤外線、可視光、紫外線（しがいせん）、そしてＸ線の順に短くなっている。ということは、電磁波のエネルギーはこの順に大きくなるわけだ。つまり、私たちはテレビ電波の中で生きているけれど、それ

を感じることはない。けれど赤外線は暖かく感じ、紫外線は日焼けをおこすほど強く、X線は身体を通ってしまう！　波長が短くなればなるほど、電磁波がもっているエネルギーはどんどん大きくなってしまうということだね。

このようにして、光もまたエネルギーをもったつぶつぶ、いいかえれば量子であることがわかった。光の粒子のことを‘光（量）子’あるいは‘フォトン’とよんでいることをつけ加えておこう。

春のまとめ——フォトンの不思議

宇宙は光として生まれ、私たちはその光の中で育(はぐく)まれ生きている。

木の葉のすきまから見えかくれする太陽の光や、明るい街灯を目をほそめて見てごらん。光がはっきりと星形のようにまわりにひろがっているのがみえる。これは、木の葉のすきまや、まつげのすきまを光が通るとき、回折して進路が曲げられるからだね。光は明らかに波の性質を持っている。

ところが、夜空に星がたくさん見えるのはなぜだろう、という、いかにも無邪気すぎるくらいの疑問の中に、粒子(りゅうし)としての光の顔をみることができる。

そして、光がもつこの二重の性格をひとつにまとめたのが、アインシュタインの光量子の考えだった。つまり、波長が短ければ短いほど、光のエネルギーは大きく、しかも光は、ひとつ、ふたつと数えることのできるフォトンからできているというわけだ。

もうひとつ興味深いのは、このフォトンはいつも光の速度 c で走っていて、それより遅(おそ)くも速くも走ることができず、しかも重さのない（質量が0）粒子だということ。**（➡ノート５）**光とは、私たちの常識でありながら、一方ではそれを超(こ)えた不可思議な存在だとは思わないかい？　じつは、そこに宇宙の性質のからくりがかくされているんだね。

それではここで、フォトンの運動量について話しておこう。

日常のレベルの物理学（ニュートン力学）では、質量 m の物体が速度 v で動いているとき、$m \times v$ をその物体がもつ運動量だとしている。**（➡ノート６）**　つまり、質量が大きいものほど、または速度が大きいほど運動量は大きくなる。そして、運動量が大きいほど、その物体がほかの物体に及(およ)ぼす力は大きくなる。たとえばピンポン玉より、同じスピードで飛んでくる野球のボールを受けとめるほうが衝撃(しょうげき)は大きい。これは野球のボールのほうがピンポン玉よりも質量が大きいためだね。また、同じ野球のボールでも、スピードの速い方が衝撃力が強い。

さて、フォトンの質量は０であるといったけれど、そうするとフォトンの運動量も０になってしまって、相手にエネルギーを与えることができないということになってしまう。またまた、わからないことがでてきてしまった。でも、この疑問にもアインシュタインは答えている。結果だけをいえば

彼は光の運動量 P は

$$P = \frac{h}{\lambda} \quad \cdots\cdots④$$ （h はプランク定数、λ は波長）

のように書きあらわせることを1916年に示した。（➡ノート5）この式は光が質量をもっていないにもかかわらず、ほかの物体に力を及ぼすことができるという光の特殊性(とくしゅせい)をいっているんだね。

ひとつの例として、彗星(すいせい)のしっぽがいつも太陽と反対の方向になびいているのは、太陽の光をつくっているフォトンの運動量によって、しっぽをつくっているガスの分子がおされているためだとして説明されている。

夜も更(ふ)けて、東の空から夏の星々がのぼりはじめた。とまることのない季節の星時計。

それでは、おやすみなさい。

Summer

夏のたより

万物はアトムからできている

夏は雲。紺碧（こんぺき）の空にわきたつダイナミックな雲の変容には自然の‘いのち’を感じるね。雲の戯（たわむ）れ、それは人類はじまって以来の夢幻的（むげんてき）な詩の対象でもあったのだろうけれども、その雲が実は水からできていることを知っているギリシャ人がいた。その名はミレトスのターレス。紀元前6世紀ごろ、彼は物質の状態には液体、固体、気体の3つがあって全世界は水という‘根源物質’からできていると考えていたらしい。

万物はひとつの根源物質からつくられている！　これはまさに画期的な考えだった。なぜなら、この考えは、めまぐるしく変化する広大な自然界に秩序（ちつじょ）を与え、複雑でとどまることのない自然の動きを単純化して、自然の多様性と単純性をうまく調和させてとらえようとする第一歩であったからだ。ターレスが人類はじめての科学者であるといわれる理由はそこにある。

さて、紀元前5世紀になると、レウキッポスとデモクリトスというふたりのギリシャの哲学者は、物質をこまかくわけてゆくと、それ以上分割することのできないもの（それを‘充実体’と名づけた）になり、充実体はそれ自身、形や大きさを変えることがなく、その並び方や運動状態のちがいによって万物ができると考えた。さらに充実体の間の空間は、それらが自由に動けるようにあいていて、そこは‘空虚’であるとも考えた。つまり、この世界のすべてのものは‘あるもの（充実体）’と‘あらぬもの（空虚）’とからできているとしたんだね。そして、これ以上分割することができない究極の物質、いいかえれば物質の最小単位を‘アトム’とよんだ。この言葉はギリシャ語で‘分割できないもの——アトモス’に由来している。

　これらの考えは、いずれも自然界の動きや流れは見かけ上の幻であって、その裏には知性のみが把握できる‘変わることのない原理’があるという立場をとっているんだね。

　ここで、ギリシャ哲学独特の４元素説のひとつを話しておこうかな。

　彼らは、万物をつくるアトムには４種類あると考えた。石のアトムは乾いていて重く、水のアトムは湿っていて重く、空気のアトムは冷たくて軽く、火のアトムはすべすべしていて熱い。そしてこれらが結合して万物をつくると考えるわけだ。たとえば、土は石と水のアトムからなり、植物は日光の中の火のアトムが土にはいることにより育つのだから、石と水と火のアトムからなる。木（植物）が水のアトムを失うことは乾燥することであり、さらに火のアトムが離れるとき、それは燃える。そしてあとに石のアトムが灰となって残るわけだ。また、金属はある特別な石（鉱石）を炎の中に入れて石と火のアトムを結合させることによってえられる。もし火のアトムが多いとピカピカ光ってたとえば金になる。このように、根源物質の離散集合によってあらゆる物質の構成と、その変化をとらえようとする考えは、19世紀における原子論を驚くほどに先取りしている！

原子が分子をつくる

ところで、ギリシャ時代にめばえ、その後2000年あまりの間、ひっそりと眠りつづけてきたアトムという考えは、1803年にイギリスの化学者J. ドルトンによって近代的な原子論として再び開花する。

彼は、物質には、これ以上分解できない化学元素と、化学元素が結合してつくられる化合物があるとして、すべての元素は、固有の分割不可能の球（原子）からなると考え、当時知られていた化学の法則の多くを説明することに成功した。ところが、1809年にフランスの化学者J. L. ゲイ・リュサックによって、化合して過不足なく結合できる2種類の気体の体積はたがいに簡単な整数比になること（気体反応の法則）が発見されると、ドルトンの原子論は多少の修正を加えなければならなくなった。

水素と酸素から水ができる反応を例にとって、このことを説明しよう。

一定の圧力と温度のもとでこの実験を行うと、水素、酸素、水（水蒸気）の体積の比は２：１：２になることが知られている。

ここで圧力と温度が一定のとき、同じ体積にふくまれる気体の‘原子’の数は同じであること（これはアヴォガドロの気体分子数の法則といい、この例では１体積あたり２個とした）に注意して、ドルトンにならって、水素を◉、酸素○で示してこの反応をかくと、

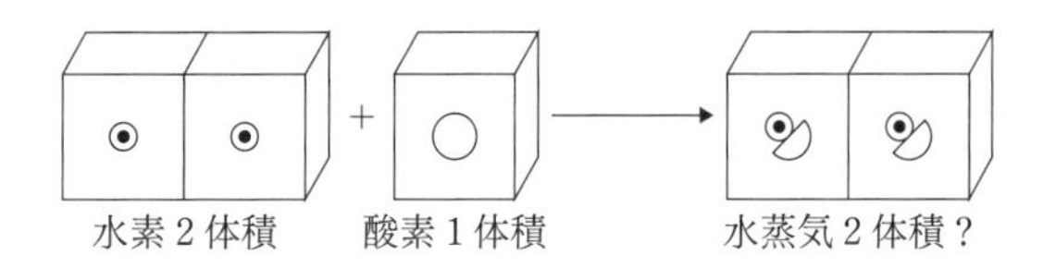

つまり、水素２体積、酸素１体積から水蒸気２体積ができるためには、なんと酸素原子がふたつに割れなければならないことになるね？　ところが原子は分割不可能なはずだからこの議論にはどこか間違(まちが)いがあることになる。

この難問に解決をあたえたのがイタリアの化学者 A. アヴォガドロだった。1811 年のことだ。彼は物質がその性質を失わない最小単位を分子と名づけて、その分子はひとつ、あるいはひとつ以上の原子からできていると考えたんだ。ここで水素原子を H、酸素原子を O とかけば、

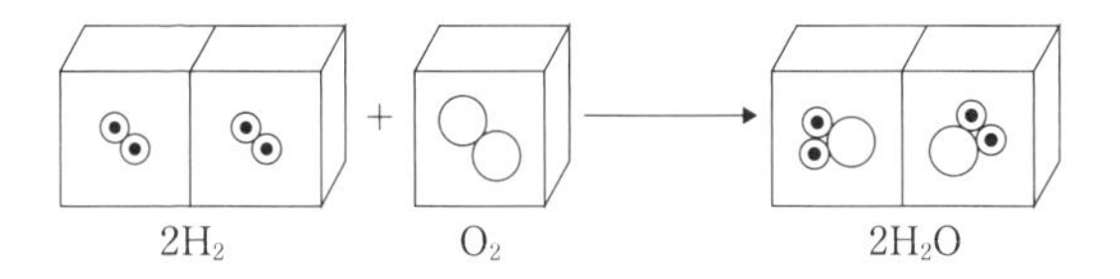

こうなるとこの反応はすっきりする、ね！

すなわち、水素、酸素ともに分子は2個の原子からできており、水の分子は、水素2原子と酸素1原子からつくられていると考えればよい！

このようにして、すべての物質をつくる元素は原子からなり、原子がよせ集まって分子をつくり、物質の化学反応は分子の間での原子の組みかえ反応として理解されるようになったんだね。ちなみにドルトンの時代に知られていた元素は26種類、現在では100種類以上の元素が発見されている。

このように自然の複雑なからくりを知る上で、原子という考え方は、自然現象を単純化し簡明さを与えた。原子論とは、素晴らしい発想だということは間違いなさそうだね！

原子よりも、もっと根源のもの——電子と原子核(げんしかく)

この世界は‘原子’とよばれる最小単位からできているということになった。ところが19世紀の半ばに、この原子像を徹底的(てっていてき)に打ち破るような新しい現象がみつかった。そのひとつ、真空放電の話をしよう。そのころ、物理学者たちはこ

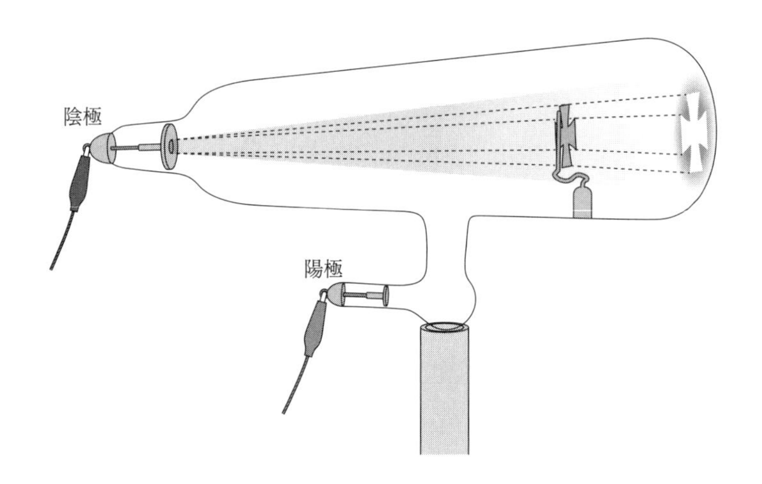

んな実験をしていた。

ガラス管の両端に金属の電極をいれ、中を真空にする。そしてその両端に高い電圧をかけると、マイナスの電圧をかけた方の電極から、なにか未知のものが飛びだして、ガラス管の中にもともと残っている気体と衝突し、発光させたり、またプラスの電圧をかけた方の電極板のうしろのガラスを光らせて電極板のかげをつくったりする現象がみつかったんだ。この未知のものは‘陰極線’と名づけられ、いろいろな角度から調べられた。そしてついに、1897年、イギリスの物理学者J. J. トムソンによって正体がつきとめられた。

それは水素原子のおよそ2000分の１の質量をもちマイナスの電気を帯びた粒子が、光の速度の10分の１の速さで飛んでいるというもので‘エレクトロン（電子）’と名づけられた。

これ以上分解できないはずの原子の中から電子がでてきてしまった。つまり原子には構造があると考えるしかない。しかも、電気をもたない原子（もともと原子は見かけ上電気をもたない）から、マイナスの電気を帯びた電子がとびだしたあと、原子の中に残されたプラスの電気の正体とは何なのか？

そこでトムソンは、10^{-10}（100億分の1）mくらいの大きさのまるい原子の中には一様にプラスの電気が分布していて、その中に電子がほしブドウのように浮かんでいると考えた。一方、日本の物理学者長岡半太郎博士は、原子の中心にプラス電気をもつ重い芯（しん）があり、そのまわりを土星の輪のように電子がまわっているという有核モデルを1903年に提唱した。

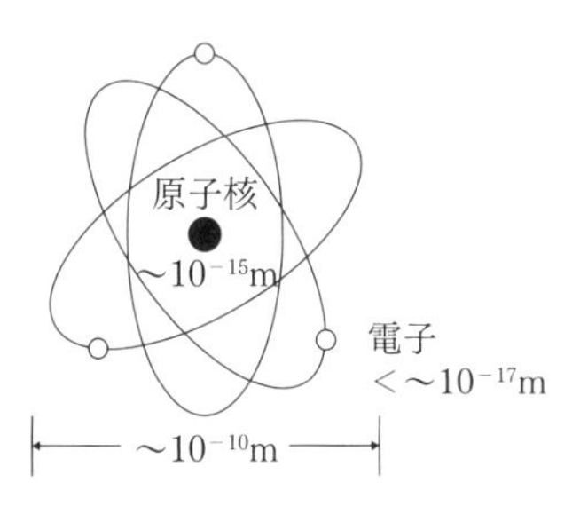

そしてこの問題に終止符（しゅうしふ）をうったのが1911年、イギリスの物理学者E.ラザフォードによるα粒子の散乱実験だった。彼はα粒子とよばれるプラスの電気をもつ放射線の一種（現在ではヘリウムの原子核であることがわかっている（➡ノート7））を薄（うす）い金属箔（きんぞくはく）に衝突させる実験をしていて、多くのα粒子は

そのまま素通りするのに、1000個に１個くらいの割合でその進路が180度近くも曲がることを発見した。この事実は次のことを物語っている。

“金属箔をつくっている原子は、小さいα粒子を通してしまうほどスカスカで空っぽに近いが、その一部に小さくて固い芯があり、プラス電気をもつα粒子をしりぞけることから、この芯もプラス電気をおびている。”**（➡ノート８）**　こうしてラザフォードは、原子の質量のほとんどをになう、小さくて固い10^{-15}mくらいの芯を中心として、そのまわりの10^{-10}mくらいの範囲を電子がまわっているという、長岡モデルに似た、原子の太陽系モデルをつくったわけだ。この芯は、‘原子核’と名づけられた。

原子核（げんしかく）は、陽子と中性子からできている

ひとたび原子核の存在が明らかになると、その構造の研究がはじまった。

1919年、ラザフォードはα粒子（りゅうし）を窒素（ちっそ）の原子核に衝突（しょうとつ）させると、酸素の原子核ともうひとつ新しい粒子が生まれることを発見した。この新粒子をよく調べてみると、それはもっとも軽い原子である水素の原子核そのものであったことから、この粒子を‘第１の粒子’という意味で‘プロトン（陽子）’と名づけた。しかもプロトンがもっているプラスの電気の量（これからはプラス電荷ということにしよう）は、符号（ふごう）は反対でも、電子のもつマイナス電荷の量とぴったり同じだった。

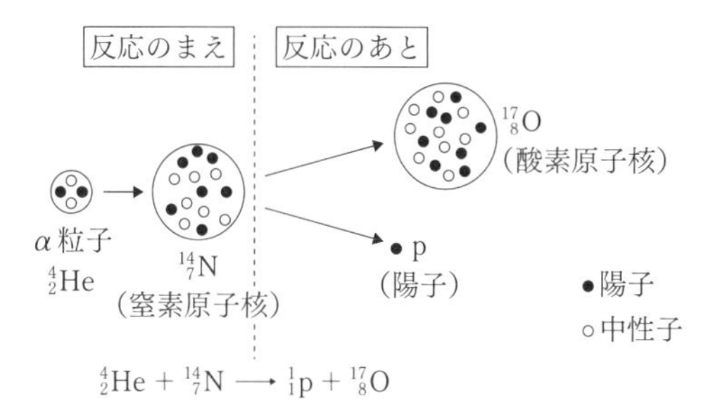

このことから、陽子と電子が原子をつくる基本粒子ではないかと考えられ、それぞれ‘素粒子’とよばれるようになったんだ。

ところが、水素のつぎに軽いヘリウムの原子核を調べてみると、不思議なことにぶつかってしまった。つまり、水素の次に軽いヘリウム原子核の電荷は陽子の電荷の2倍であるのに、その質量はおよそ4倍だという事実。電荷の大きさから考えれば、ヘリウム原子核の中にはふたつの陽子がはいっていてよいのだけれど、質量の点から考えると、陽子ふたつ分の別の粒子がなければならないということになる。しかもそれは電気をもっていない中性粒子でなければならない。

こうして、ついに1932年、イギリスの物理学者J. チャドウィックによって新しい粒子、すなわち陽子とほとんど同じ質量をもち、電気をもたない粒子が原子核の中に存在していることが確かめられた。この新粒子は‘ニュートロン（中性子)’とよばれることになった。**(➡ノート9)**

このようにして、ヘリウムの原子核は、2個の陽子と2個

名前	記号	電荷(クーロン)	寿命(秒)	質量(kg)	大きさ(m)	密度(kg/cm²)
光子(フォトン)	γ	0	∞	0	?	?
電子(エレクトロン)	e^-	-1.6×10^{-19}	∞	9.1×10^{-31}	10^{-17} 以下	2×10^{20} 以上 (2000億トン/cm³)
陽子(プロトン)	p^-	$+1.6\times10^{-19}$	∞(?)	1.67×10^{-27}	8×10^{-16}	8×10^{17} (8億トン/cm³)
中性子(ニュートロン)	n^0	0	918	1.67×10^{-27}	8×10^{-16}	

◎ここでクーロンとは電気量の単位で、ちなみに毎秒1クーロンの電荷が流れるとき1アンペアの電流となる。電子数にすると毎秒 6×10^{18} 個。（これは100ワットの電球をともすのに毎秒、流さなければならない電子数！）また一回の落雷で、雲から地上に運ばれる電気量はおよそ数10クーロン。
◎くわしくいうと、中性子の質量は陽子よりも0.1％くらい大きい。

の中性子からできていることがわかり、そのほかのすべての原子の原子核も、この2種類の粒子が、かたく結びついてできていることがわかったんだね。

つまり素粒子として、陽子、中性子、電子、そしてフォトン（光子）も『春の便り』で書いたように、このころにはもうその存在がわかっていたから、4種類のものが登場したわけだ。

夏のまとめ――この世界をつくるもの

まず第1に、原子という考えは、物質の世界は見かけ上、とても複雑で移りかわりやすいように見えるけれど、真理は永遠で変わらないものだというギリシャ的思想から生まれたということをおぼえておこう。

そして、原子論は、変化と不変性、無秩序（むちつじょ）と秩序をうまく調和させて考えるための画期的な発見だったということもおぼえておいてほしい。

第2は、原子には構造があって、およそ 10^{-10}m くらいの大きさの原子の中心には 10^{-15}m くらいの大きさのプラス電荷をもった原子核があり、そのまわりをマイナス電荷をもった電子がとりまいているということ。そして、原子核の大きさを 1mm くらいの大きさの砂つぶだとすると、原子の大きさはおよそ 100m、原子とはスカスカで空っぽなもの、ということになる。

実は最近の研究によれば、宇宙全体もスカスカで、私たちの目に映る通常の物質は、全体のわずか 4.9%、あとは目に見えないダークマター（暗黒物質）が 26.8%、そしてダークエネルギー（暗黒エネルギー）が 68.3% を占めているともいわれている。原子の世界から宇宙まで、ほんとに空っぽなんだね（p. 10、22 参照）。

第 3 は、原子核にも構造があって、それはプラス電荷をもった陽子と、電荷をもたない中性子からできているということ。

結局、私たちの世界とは、陽子、中性子、電子、そして光子（フォトン）からできていて、これらの素粒子がくっついたり、離れたりして、すべての物質の生成消滅が説明できるということだね。そう、すべてのものとは星も花も、水も空気も、そして私たちをふくめてすべてということだ。

ところで元素記号の書き方について、ひとつだけつけ加えておこう。

一般に原子の重さの順に並べたときの順番を原子番号とい

ってＺであらわす。Ｚは原子核の中にある陽子の個数でもある。また原子核をつくっている陽子と中性子（まとめて核子とよぶ）の数の和を質量数といってＡであらわす。つまり、原子核の中の中性子の数は（A−Z）個、そして通常、元素記号の左上に（ときに右上のこともある）Ａを、左下にＺを書くことになっている。たとえば水素は ${}^{1}_{1}\mathrm{H}$、ヘリウムは ${}^{4}_{2}\mathrm{He}$ という具合だ。そして、一番重い天然元素のウラニウムは、${}^{238}_{92}\mathrm{U}$ だ（原子量などもっと詳しいことは、次頁の元素の周期表を参考にしてほしい）。

夏の日の輝(かがや)きがしだいに茜(あかね)いろにそまって、秋の気配。

それでは、ごきげんよう。

	1族	2族	3族	4族	5族	6族	7族	8族	9族	10族	11族	12族	13族	14族	15族	16族	17族	18族
1	1 H 1.008 水素	←（原子番号） ←（原子記号） ←（原 子 量） ←（原 子 名）																2 He 4.003 ヘリウム
2	3 Li 6.941 リチウム	4 Be 9.012 ベリリウム											5 B 10.81 ホウ素	6 C 12.01 炭素	7 N 14.01 窒素	8 O 16.00 酸素	9 F 19.00 フッ素	10 Ne 20.18 ネオン
3	11 Na 22.99 ナトリウム	12 Mg 24.31 マグネシウム											13 Al 26.98 アルミニウム	14 Si 28.09 ケイ素	15 P 30.97 リン	16 S 32.07 硫黄	17 Cl 35.45 塩素	18 Ar 39.95 アルゴン
4	19 K 39.10 カリウム	20 Ca 40.08 カルシウム	21 Sc 44.96 スカンジウム	22 Ti 47.87 チタン	23 V 50.94 バナジウム	24 Cr 52.00 クロム	25 Mn 54.94 マンガン	26 Fe 55.85 鉄	27 Co 58.93 コバルト	28 Ni 58.69 ニッケル	29 Cu 63.55 銅	30 Zn 65.41 亜鉛	31 Ga 69.72 ガリウム	32 Ge 72.64 ゲルマニウム	33 As 74.92 ヒ素	34 Se 78.96 セレン	35 Br 79.90 臭素	36 Kr 83.80 クリプトン
5	37 Rb 85.47 ルビジウム	38 Sr 87.62 ストロンチウム	39 Y 88.91 イットリウム	40 Zr 91.22 ジルコニウム	41 Nb 92.91 ニオブ	42 Mo 95.94 モリブデン	43 *Tc* (99) テクネチウム	44 Ru 101.1 ルテニウム	45 Rh 102.9 ロジウム	46 Pd 106.4 パラジウム	47 Ag 107.9 銀	48 Cd 112.4 カドミウム	49 In 114.8 インジウム	50 Sn 118.7 スズ	51 Sb 121.8 アンチモン	52 Te 127.6 テルル	53 I 126.9 ヨウ素	54 Xe 131.3 キセノン
6	55 Cs 132.9 セシウム	56 Ba 137.3 バリウム	57~71 ↓ ランタノイド系	72 Hf 178.5 ハフニウム	73 Ta 180.9 タンタル	74 W 183.9 タングステン	75 Re 186.2 レニウム	76 Os 190.2 オスミウム	77 Ir 192.2 イリジウム	78 Pt 195.1 白金	79 Au 197.0 金	80 Hg 200.6 水銀	81 Tl 204.4 タリウム	82 Pb 207.2 鉛	83 Bi 209.0 ビスマス	84 Po (210) ポロニウム	85 *At* (210) アスタチン	86 Rn (222) ラドン
7	87 *Fr* (223) フランシウム	88 Ra (226) ラジウム	89～103 ↓ アクチノイド系	104 *Rf* (267) ラザホージウム	105 *Db* (268) ドブニウム	106 *Sg* (271) シーボーギウム	107 *Bh* (270) ボーリウム	108 *Hs* (269) ハッシウム	109 *Mt* (278) マイトネリウム	110 *Ds* (281) ダームスタチウム	111 *Rg* (281) レントゲニウム	112 *Cn* (285) コペルニシウム	113 Nh (278) ニホニウム	114 *Fl* (289) フレロビウム	115 Uup (289) ウンウンペンチウム	116 *Lv* (293) リバモリウム	117 Uus (294) ウンウンセプチウム	118 Uuo (294) ウンウンオクチウム

◎原子量とは質量数12の炭素 ^{12}C の原子の質量の 1/12(＝1.66×10^{-27}kg) を単位として原子の質量をあらわすもので、原子質量のほとんどが原子核の質量であることから質量数とほぼひとしい値になっている。
◎原子記号がイタリック体は人工元素。原子名にアンダーラインは、未認定、または名称未決定。

ランタノイド→	57 La 138.9 ランタン	58 Ce 140.1 セリウム	59 Pr 140.9 プラセオジウム	60 Nd 144.2 ネオジウム	61 *Pm* (145) プロメチウム	62 Sm 150.4 サマリウム	63 Eu 152.0 ユウロピウム	64 Gd 157.3 ガドリニウム	65 Tb 158.9 テルビウム	66 Dy 162.5 ジスプロシウム	67 Ho 164.9 ホルミニウム	68 Er 167.3 エルビウム	69 Tm 166.9 ツリウム	70 Yb 173.0 イッテルビウム	71 Lu 175.0 ルテチウム
アクチノイド→	89 Ac (227) アクチニウム	90 Th 232.0 トリウム	91 Pa 231.0 プロトアクチニウム	92 U 238.0 ウラン	93 *Np* (237) ネプツニウム	94 *Pu* (239) プルトニウム	95 *Am* (243) アメシリウム	96 *Cm* (247) キュリウム	97 *Bk* (247) バークリウム	98 *Cf* (252) カリホリニウム	99 *Es* (252) アインスタニウム	100 *Fm* (257) フェルミウム	101 *Md* (258) メンデレビウム	102 *No* (259) ノーベリウム	103 *Lr* (262) ローレンシウム

Autumn

秋のたより

粒子(りゅうし)も波だ

秋はコスモス。コスモスは風のかおり。

‘野の草花の中に天をみたいのなら、君の手のひらに無限の空間を、1時間の中に永遠をつかみなさい。’このイギリスの詩人、ウィリアム・ブレイクの言葉は、自然と人間とのあるべき姿を示唆(しさ)している。

春に、光は波と粒子の両方の性質をもっていると書いたね。そして夏には、この世界は素粒子とよばれる小さな小さな粒子からできていると書いた。とすると……？　ひょっとするとこの素粒子は粒子の性質と同時に波の性質ももっているのではないか……、ふとそんな予感がしないかい？　なぜなら、自然はもともと美しくて、えこひいきしないはずだからね？！

そう、じつは、1923年にフランスの理論物理学者L.ド・ブロイはそのことを真面目に考えて、‘物質波’という理論を発表し、その4年後の1927年には、アメリカの物理学者C.J.デヴィッソンらや日本の物理学者菊池正士博士たちの実験で速い電子の流れ（電子線）が波のように回折することが発見されたんだ。

果てしなくつづく青いなぎさに立って海の波をみるとき、その波は決してつぶつぶではなく、砂つぶは決して波ではない。そう、少なくとも、私たちの日常生活の中で考えるかぎり、粒子と波とはまったく別のもの。だから、この二面性をもつことは、小さな極微（ごくび）の世界の特徴（とくちょう）なのかもしれないね。

さて、春の便りの④式をおぼえているかな？（p.105）光の運動量Pと、波長λの間の関係式だ。もう一度書いてみよう。

$$P=\frac{h}{\lambda} \quad \cdots\cdots④ \qquad (h\text{はプランク定数})$$

ここで運動量Pを、ニュートン力学のときと同じように、質量mと速度vを使って$P=m\times v$と書き④に代入してみる。そして波長についてといてごらん。

$$\lambda=\frac{h}{m\times v} \quad \cdots\cdots⑤$$

これが質量m（kg）のものが速度v（m／秒）で動いているとき、その物体が示す波の波長（m）だ。これは発見者の名をとって‘ド・ブロイ波（物質波）’とよばれている。

電子とピンポン玉を例にとってその波長を計算してみよう。真空にした放電管の中を走っている電子のスピードはおよそ10^8（m／秒）！（➡ノート 10）、電子の質量は9.1×10^{-31}（kg）、プランク定数は6.6×10^{-34}（J・秒）だから

$$\lambda(電子)=\frac{6.6\times10^{-34}}{9.1\times10^{-31}\times10^{8}}=7\times10^{-12}\,(\mathrm{m})$$

これは電子の大きさ（10^{-17}m 以下）よりもずっと大きく、原子の大きさの 10 分の 1 くらいの波長だね。

一方、勢いよくうちこまれる質量 2.4g のピンポン玉のスピードを 30m ／秒とすれば、そのときのド・ブロイ波の波長は同じように計算できて 9×10^{-33}m！　これはどんな小さな素粒子の大きさよりも小さく、ピンポン玉の大きさに比べれば 0 に等しい。ということは、大きな船がさざ波の上にのっているようなもので、波の上にいるという実感はない。つまり、極微の世界で、はじめて物質波は意味をもつということだ。とはいっても、一体何の波なのか、その正体についてはド・ブロイは答えていない。

知るということ、みるということ

ところで、物理学者たちが、素粒子のように小さいもののふるまいを調べようとするときに、さけて通ることができない基本的な問題について話そう。

前に、原子核の存在をたしかめるときに行った実験の話をしたね。それは小さい粒子を原子にぶつけて、その粒子のはねかえり具合から原子核の大きさや電荷、質量などをきめるというものだった。これは、木の葉が生い茂っていて、どこに幹があるのかわからないときに、木に向かって小石を投げてみて、その小石のはねかえり具合で、幹の大きさや、かたさや、位置を知ろうとするのに似ている！　物理学者って小石をなげて遊んでいる子供みたいなことをしているんだね。物理学とは大人の中の子供が勉強するものらしい？！

さて、相手の存在を確かめ、その状態を知るということは、こちらから相手に何らかの働きかけをして、それに対する相手の反応の度合をみるということなんだね。

机の上にリンゴがあるとしよう。リンゴの存在は、リンゴから反射する光を見ることによって知覚される。まっ暗な部屋であれば、電灯でリンゴを照らし、その反射光をみるしかない。でなければ手をのばして、その形や温度、手ざわりで知るしかないね。

この‘みる’ということを少しおおげさに詳しく考えてみると、光をあてたり手でさわったりしたリンゴは、温度が変わったり、ひょっとしたらへこんだりして味が変わったかもしれない。人と人との関わりを考えればよくわかるだろう。相手の気持ちを確かめたくて、あからさまな質問をしたために、かえって相手の気持ちが乱れて、もう今までの相手と同じではなくなってしまうことだってある！

いいかえれば、相手が人間であれ、物体であれ、相手の状態を知るためには、ある働きかけが必要であり、それによって知ることができるのだけれども、相手の状態は働きかけをする前と後とでは、ちがっているかも知れない、ということだ。とくに相手が素粒子のように小さく軽いものであればあるほど、光をあてただけでもその状態は大きく変わってしまうから、私たちが知ることのできる状態の正確さはなくなってしまう。つまり、相手の状態は‘ぼやけて’しまう。

ところで、物体の運動状態は‘どこ’を、‘どのくらいの速さ’で‘どれだけの質量’のものが‘どちらに向かって’動いているかがわかれば十分だ。すなわち、（一次元で考えれば）その物体の運動量（＝質量×速度）Pと、位置の座標xがわかればよい。ところが、位置xを知るために光をあてたとすると、光の運動量がその物体に力を及(およぼ)して、その速度、したがって運動量を変えてしまう。逆に物体の運動量を調べるためには、物体の速度を知らなければならないので、ある距離(きょり)を十分に走らせてその間の経過時間を測らねばならないから、たとえ運動量が正確にきまったとしてもその物体の位置は走らせた分だけぼやけてしまう。

どちらか一方の物理量をくわしく知ろうとすればするほど、相手に与える影響(えいきょう)も大きくなって、もう一方の物理量の測定はぼやけてしまうということだ。

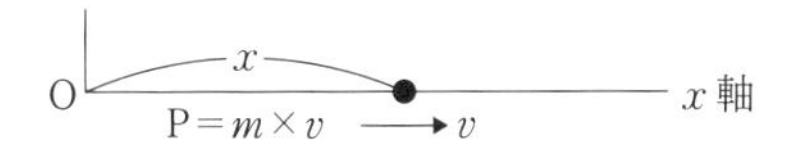

不確定性原理

このように、粒子の位置xと運動量P（くわしくいえばx軸(じく)方向の運動量）を同時に正確にきめることはできないということは、1927年にドイツの理論物理学者W.ハイゼンベルクによって提唱され‘不確定性原理’とよばれている。これは相対性理論と並んで現代の素粒子（そりゅうし）を考える上でのもっとも重要な発見だった。

ハイゼンベルクは、粒子の位置と運動量を同時に測定したとき、それぞれの不確定さ、すなわち‘ぼやけ’をΔx（デルタ）とΔPとかけば、測定精度の限界は、

$$\Delta x \times \Delta P \sim h \quad \cdots\cdots ⑥$$

（～は大体同じくらいの大きさだということ）

であることを理論的に示したんだ。ここでhはもちろんプランク定数、ΔPは、位置座標xと同じ方向にとった運動量の‘不確定さ’だ。⑥式の導き方は巻末のノートにゆずるとして **(➡ノート11)**、重要なことは、この式は、位置を正確に測定しようとすれば（$\Delta x \to 0$）、運動量の不確定さΔPは大きくなり、また、運動量を正確にきめようとすれば（$\Delta P \to 0$）、位置の不確定さΔxが大きくなることを示していることだ。

少し計算してみよう。まず、私たちの身近なもので考えてみる。質量0.3（$=3\times10^{-1}$）kgのリンゴの位置xを１億分の1mの精度、すなわち$\Delta x = 1\times10^{-8}$の正確さできめたとすると、そのときの運動量（＝質量×速度）の不確定さは、

$$\Delta P \sim \frac{h}{\Delta x} = \frac{6.6\times10^{-34}}{1\times10^{-8}} = 6.6\times10^{-26}$$

ここで速度の不確定さをΔvとすれば、

$$\Delta P = m \times \Delta v$$

であるから（質量 m は変わらないとする）、

$$\Delta v=\frac{\Delta P}{m}=\frac{h}{m\times\Delta x} \quad \cdots\cdots ⑦$$

すなわち、

$$\Delta v\sim\frac{6.6\times10^{-26}}{3\times10^{-1}}=2.2\times10^{-25}\ (\text{m/秒})$$

これは１兆分の１のまた１兆分の 1m ／秒よりも小さく、ΔP も Δv も私たちの日常の感覚からは０に近いことから、リンゴの位置と運動量は両方同時に正確に決められることを示している。

ところで、もし陽子の場合だったらどうだろう？　位置の不確定さをおよそ原子の大きさ 1×10^{-10}m としよう。そのときの速度の不確定さは、リンゴの場合と同じように

$$\Delta P\sim\frac{h}{\Delta x} \text{ と } \quad \Delta v\sim\frac{\Delta P}{m} \text{ から}$$

$$\Delta v\sim\frac{h}{m\times\Delta x}=\frac{6.6\times10^{-34}}{1.67\times10^{-27}\times10^{-10}}$$

$$=4\times10^{3}\ (\text{m ／秒})$$

なんと、速度の誤差はすくなくとも秒速 4km ということになってしまって、もともと秒速 5km で走っていたとしても、秒速 1km（＝5km－4km）から秒速 9km（＝5km＋4km）の間のどこかに速度はばらついてしまう。

つまり、私たちの日常生活にでてくるような巨視的（きょしてき）な世界では、観測するものと観測されるものとの間の相互作用（そうごさよう）は無

視できて、位置や運動量などのような物理量を両方同時に正確にきめることができる。しかし、素粒子のような微視的な世界ではそれをみようという働きかけが相手をみだしてしまって、両方同時にぴたりと正確にはかることはできないということだ。しかもそれは実験方法が悪いからではなく、自然本来の姿がそうなっているからだとしかいいようがない。**(➡ノート 12)**

不確定性原理は、素粒子自身が同時に正確な位置と運動量をもち得ないことを主張するものなんだね。

波は粒子であり、粒子は波である

ところで、陽子や電子など、素粒子の粒子的ふるまいをどのようにして見ることができるのかについて話しておこう。

その方法は大ざっぱにいって３つある。つまり、‘音をきく’、‘光をみる’そして‘足あとをみる’ことだ。‘音をきく’とは、たとえばガイガー計数管とよばれる一種の放電管に粒子が入ってくると、中の気体の原子から電子をはぎとって帯電させ（イオン化）、それによって生ずる電流を音にかえて聞く方法。‘光をみる’とは、粒子が蛍光物質に衝突したときに発する光をみる方法。そして‘足あとをみる’とは、原子核乾板とよばれる特殊な乾板の中を粒子が通過するときに、感光物質を変化させて記録させたり、あるいは過飽和状態にしたアルコール蒸気や液体水素の中を粒子が通ったときに、霧や泡の足あととしてみる方法だ。**(➡ノート 13)**　いずれもこれらの方法を使うと、光でさえも1個、2個と数えることができるし、粒子の足あとを1本の線としてみることもできる。つまり、粒子としての素粒子を、目や耳で確かめることができるわけだ。

ところで、今度は一定の速さ v でとんでくる粒子が小さな穴を通る、という場面を想像してごらん。ただし、粒子は穴の直径に対して垂直（つまり穴の真横）方向からとんでくるとしよう。小さな穴を通ること、それは粒子が穴を通るときに、粒子の位置の不確定さは穴の直径方向を x 方向にとれば、Δx 程度になるということだ。つまり、穴のどの部分を通ったかはわからないけれど、とにかく、その穴を通ったのであれば、そのときの粒子の位置の不確定さの程度は、その穴の大きさくらいと考えてよいわけだ。とすると前に書いたように（p.127の⑦式）、粒子の質量 m が変わらなければ、穴の直径方向の速度の不確定さ Δv は、

$$\Delta v = \frac{h}{m \times \Delta x}$$

この式は、粒子が真横からとんできたとしても、穴を通りすぎるときに穴のへりと何らかの力を及(およぼ)しあって、粒子の進路が曲げられること、つまり、穴のかげにも粒子がまわりこむ可能性があることを意味している。いいかえれば、Δx という位置の不確定さ、すなわち穴があるということが粒子の運動に影響を与えて Δx 方向の速度を Δv だけ変化させ、粒子の進路を変えるということだ。そこでもし、穴の向こう側で、

とんでくる粒子を待ちうけてどこに粒子がきたかを記録してゆけば、穴を中心にして同心円状にひろがった模様がえられることになる。これは、ちょうど光が小さい穴を通ったときにみられる回折現象とそっくりなんだね。すこしくわしくいえば、この同心円の模様は、明暗の縞(しま)になるわけだけれど、ここでは穴の後にも ΔP（つまり Δv）のばらつきのために粒子がまわりこむということをおぼえておけばそれで十分だ。

（➡ノート1）

さて、この模様と穴の大きさから波の波長を計算してみると、それがなんと不思議なことに⑤式（p. 122）であたえられるものとぴったり一致する！　つまり電子や陽子自身がひろがって波うっているのではなくて、それらの粒子が発見される場所の分布が、ちょうど光がつくる回折模様のようにあるきまった法則によってあたえられるということだ。いいかえれば、粒子がある場所に発見される確率を、ある波の性質から計算して予測できるということなんだね。

この波は‘波動関数’とよばれていて、純粋に数学的なものなのだけれど、この波動関数というもので、小さな粒子たちのふるまいを解明していこうとするのが‘量子力学’といわれる物理学のひとつの分野だ。

量子力学は、1925年にハイゼンベルクによって、また1926年にはオーストリアの理論物理学者E. シュレーディンガーによって独立につくられたものなんだが、この量子力学をまとめる鍵(かぎ)が、‘不確定性原理’だということなんだね。

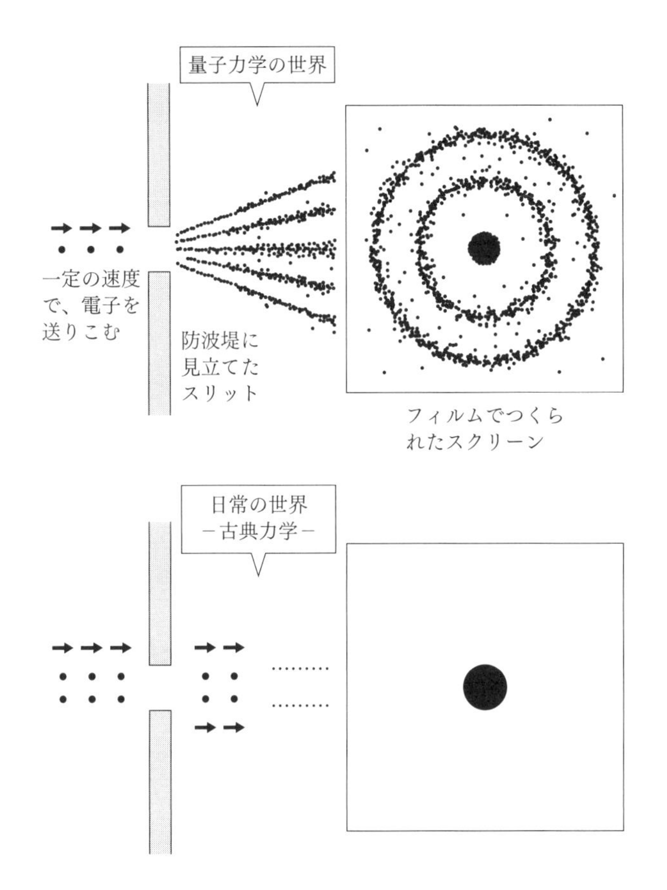

少しむずかしくなったようだから、ここでもう１回おさらいをしておこう。

ひとつの粒子がどこにいるかは、確率で与えられる。ということは、ひとつの粒子であっても、何度も同じ行動をとらせて全体を集計すると、確率的な分布をするということなんだね。もちろん同じ種類のたくさんの粒子のふるまいを同時にみれば、やはり同じような確率分布をするはずだ。だから、ひとつの粒子をとってみれば、確かにひとつ、ふたつと数えられるものであっても、そのふるまいは波動のように分布してひろがってしまうということだね。

ひとつ例をあげておこう。

男の子が10人、女の子が20人のクラスがあったとする。教室の出口で待ちかまえていれば、女の子に出合う確率は

$$\frac{20}{10+20}=\frac{2}{3}$$

男の子に出合う確率は

$$\frac{10}{10+20}=\frac{1}{3}$$

となる。けれど、そこで出合うのは男の子か女の子のいずれかで、男の子１／3、女の子２／３の性質をもつ新しい人間ではないんだね。

このことから、素粒子があるときは粒子のように、あるときは波のようにふるまうことがあるということを想像してほしい。

秋のまとめ――素粒子の世界をかいまみる

‘もの’を‘みる’、あるいは‘ものがそこにある’ことを私たちの感覚で認識するには、まず‘もの’に対する働きかけ（観測）をして、それが、相手によってどのように変化を

うけるかによって判断されることはわかったと思う。だからみようとする相手が素粒子のように小さい微視的（びしてき）世界になればなるほど観測によって相手の状態をみだすことになって、いろいろの物理量を同時に正確にきめることができなくなるわけだね。そこで粒子の波動性がでてくる。だから素粒子が粒子であるといっても、それは、私たちの身のまわりにある砂粒（すなつぶ）のような粒子という意味ではなく、また素粒子は波だといっても、それは海の波のような波ではないんだ。

素粒子とは何か、と問うかわりに、素粒子とは、私たちが体験している世界でみているような粒子か、波か、と問いかけたために、問題がややこしくなってしまったんだね。つまり**新しい世界を語るには**、**新しい言葉が必要**で、それが量子力学であり、その中心となるものが不確定性原理だったわけだ。

さて、ここまでくれば『春の便り』で話した光の二重性についてもはっきりと説明することができる。

まず運動量 P の不確定さ ΔP は、そのままエネルギー E の不確定さ ΔE をひきおこすことに注意しよう。つまり、運動量とは、相手に力を及（およ）ぼすときの大小を左右するものだからそれはエネルギーの大小とも対応するわけだ。

一方では、位置 x の不確定さ Δx があるということは、ある粒子が特定の位置を通過するときの時刻 t がきまらず、いいかえれば、時刻の不確定さ Δt があることと同じことになる。このことから、詳（くわ）しい数式の説明は別にして、不確定性

原理のもうひとつの表現として

$\Delta E \times \Delta t \sim h$　……⑧

が得られることになる。（➡ノート 14）

ところで、十分に強い光、すなわちフォトンがたくさんある場合を考えてみよう。フォトンの数が多ければ多いほど、その数 N のばらつき ΔN も大きくなるね。すると、フォトン１個のエネルギー、

$E = h \times \nu$　……②

（h はプランク定数、ν は振動数（しんどうすう）。p. 101 を参照）

に、フォトンの数のばらつき ΔN をかけたものが、光全体のエネルギーのばらつき、すなわち、エネルギーの不確定さ ΔE となる。そして、ΔN が大きければ ΔE も大きくなる。

ここで⑧式をもう１度みてみよう。光が強いとき（ΔN、したがって ΔE が大きいとき）は Δt は小さくなる。Δt が小さいということは、次から次へと流れていく時間ごとに粒子の位置がはっきりきまっているわけで、その変化は連続的、いいかえれば波のようにふるまうことになる。

その逆も考えてみよう。光が弱ければフォトンの数が少なく、エネルギーのばらつきも小さい。つまり Δt が大きくなる。これは光の変化をなめらかに追いかけていくことができないということで、不連続的な現象となってしまう。わかるかな？　弱い光は粒子のようにふるまうわけだ。（➡ノート 15）

これで光や素粒子の世界の二重性についてはおよそわかったと思う。

秋が落葉をつくるのは、めぐりくるつぎの季節へのやさしい心くばり。

つぎの便りをたのしみに！

Carrera 4

Winter

冬のたより

電子はめぐる――原子の太陽系モデル

冬は雪。透き通るような空の上、生まれたばかりの雪のひとひらが舞いおりてくる。それは川となり、湖となって、やがて大海原へと旅をつづけ、空の高みへとかえってゆくのだろうけれど、この自然のダイナミズムこそ、世界は何からできているのかという素朴な疑問のはじまりとなってきたんだね。

今日は、原子核を中心にして、そのまわりを電子がまわっているという不可思議な原子の構造が、実は不確定性原理によって保証されていることから話をはじめよう。

『春の便り』で、電荷が動けば電磁波が放射されることを話したね。とすると、原子の中を電子がまわっていれば、電子はそのエネルギーを電磁波として放射しながらエネルギーを失っていき、結局は原子核の中におちこみ、原子は消滅してしまうことになる。

その寿命は簡単に計算できて、なんと100億分の1秒！

(➡ノート16)

そんなことは考えられない？！　私たちだってもう何年も無事に生きているし、昔の遺跡だってちゃんと残っている。少なくとも原子の寿命がそんなに短いはずはない。

原子の寿命を探りながら、また、原子の話をしていこう。

さて、原子核のまわりの空間（およそ原子の大きさ）に電子がいるということは、電子の位置の不確定さ Δx が、ほぼ原子の大きさ程度であるということだね。そこで、電子が原子核におちこむということは、Δx が小さくなること、そして不確定性原理 $\Delta x \times \Delta P \sim h$ から運動量の不確定さ ΔP が大きくなることも意味している。

ところが ΔP が大きくなることは、エネルギーの不確定さ ΔE も大きくなることであり、結果として電子のエネルギーが増加することだ。つまり、原子核におちこむ必要がなくなるわけだね。いいかえれば、電子が電磁波を放射してエネルギーを失い原子核の近くにおちこむことは、かえってエネルギーが増加するという矛盾にみちた結果になって、結局、電子は電磁波を放射できなくなってしまうんだね。

こうして、原子の中の電子は、きまった軌道をきまったエネルギーでまわりつづけ、消滅することがない。もちろん例外もある。たとえば原子に光をあてたり、高い温度でゆさぶったりすると、そのフォトンのエネルギーを電子が吸収して電子は別の高いエネルギーの軌道にとびうつることができる。逆にエネルギーの高い状態は不安定で長くつづくことはできなくて、電子はまたもとの軌道にもどるけれど、その時には余分のエネルギーを光（フォトン）として放出するんだね。ところで、原子が吸収したり放射したりする光の波長は、その原子の電子軌道と関係していて、その原子に特有のものだ。ということは、原子からの光を調べれば、原子の中の電子の状態を知ることができるし、あるいは、遠い星からおくられてくる光をみれば、その星の中に存在する元素の種類や状態まで知ることもできる。前にも書いたように光の中には、宇宙の本質がいろいろとかくされているということだ。（➡ノート17）

音の中に電子の波をかいまみる

原子の中の電子がきまったエネルギーをもって、とびとびの軌道をまわっている様子は、ピアノを使っても理解することができる！

さぁ、目の前にピアノのキーを想像してごらん。

ピアノのふたを開いて、鍵盤をよく見てみよう。

中心よりも少し左より（低音側です）の c^1 音、すなわち、ハ長調の「ド」の音の鍵盤を、そっと押したままの状態で保ち音は出さなくてもいい。

そうしておいて、その音の１オクターブ下の c 音（ド）を短く強くたたいてごらん。

一瞬、たたかれた c 音が強くなるけれど、c の鍵盤から手を放しても、最初にそっと押したままの c^1 音がかすかに鳴っているのが聴こえるね。

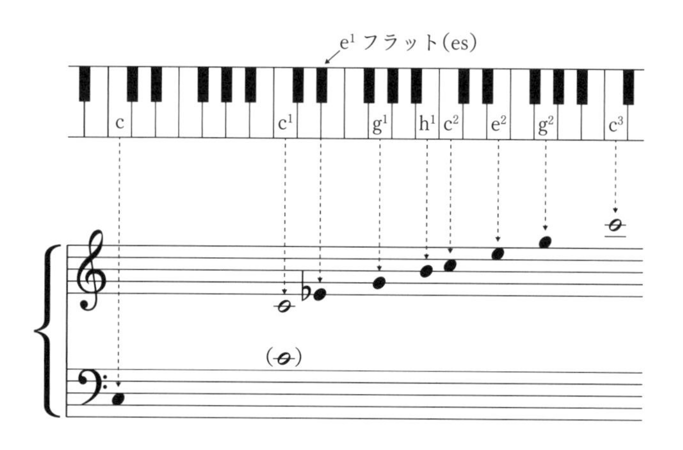

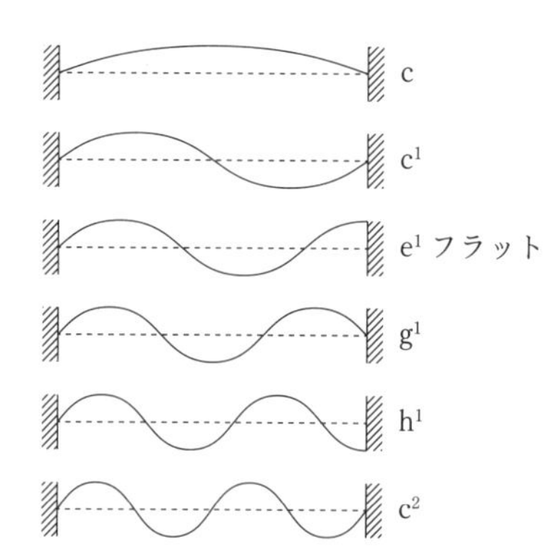

上のピアノの鍵盤に示した音名と、弦の振動を模式的に対応させると、左のようになる。これらを「倍音」といい、それぞれが、他の音をふくんでいる。また、両端が固定された同じ弦の上では、波は、とびとびの値の振動数しか許されない。

同じように、g^1（c^1 から５度上のハ長調の「ソ」）、
c^2（c^1 から１オクターブ上のハ長調の「ド」）、
e^2（c^2 から長三度上のハ長調の「ミ」）、
をそっと押さえたまま、c 音を強くたたいてすぐ手を離しても、かすかに、そっと押さえたままの音が聞こえてくるのがわかるはずだ。

ところが、e^1 フラット（♭ミ）や、h^1（シ）の音をそっと押さえたまま c 音をたたいても、たたいた瞬間、その c 音が鳴るだけで、e^1 フラットや h^1 などの音は聞こえてこない。

これは、最初に強くたたいた c 音の弦が、c^1、g^1、e^2 などの音をふくんでいて、c 音の弦でありながら、他の音を同時に奏(かな)でているということを意味しているんだね。これは c 音の中に c^1、g^1、c^2、e^2 などの音が含まれていることを意味している。いいかえれば c の音の波長を１とすれば両端(りょうたん)が固定されているかぎり c の弦の上で許される振動の波長は、c の波長の２分の１、３分の１……でなければならず、その振動の系列が c^1、g^1、c^2……の音になるわけだ。e^1 フラットや h^1 の波は c の音からみれば中途半端（つまり整数分の１ではない）な波長をもっていて、c の弦の上には存在できないんだね。

これはちょうど原子の中にとじこめられている電子の波が、とびとびの波長をもつ軌道でしか存在できないことと本質的には同じこと。p.142 の図をみればわかるね？ （➡ノート 18）

ピアノの音に耳をよせるだけで、原子の中の電子の姿をか

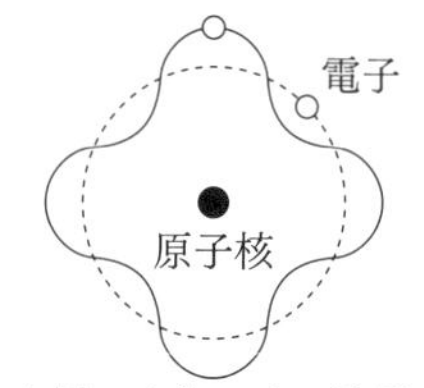

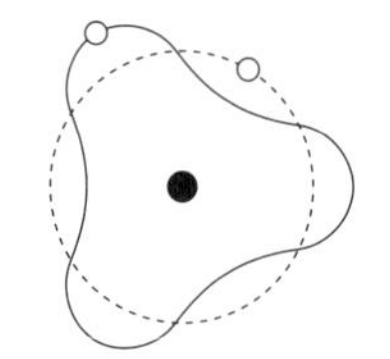

１周の３分の１の波長

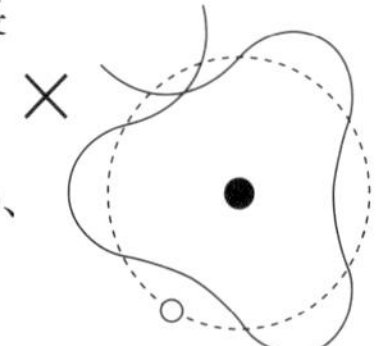

電子の波は、ひとまわりしたときに、
もとのかたちに重なるような波長しか、
もつことができない。

いまみることができるなんて、面白いと思わないかい？　こうして原子の中の電子は、とびとびの波長をもった、きまった軌道を描いて動いていることが想像できるね。

さて、ここで電子の軌道という言葉について、ひとつだけ注意しておこう。実は軌道といっても、電子はいつもその上をなぞるように動いているのではなく、その軌道の近くにいる確率が一番大きいということだ。そしてこの電子がいるらしい場所のひろがりを示す確率分布は、「秋のたより」で話したように波動関数とよばれるものによって計算することができる。だから原子核のまわりには、電子の雲がふんわりととりかこんでいて、軌道というより、その雲の形がきまっていると考えた方がいいのかもしれないね。

そこで、いくつかの原子たちが近づいて、原子の一番外側の電子の雲と雲がふれあうと、お互いに電気力が作用しあって引力を生じ、分子をかたちづくるわけだ。一例として、ふたつの水素原子とひとつの酸素原子からつくられる水の分子の電子雲のスケッチをかいておこう。

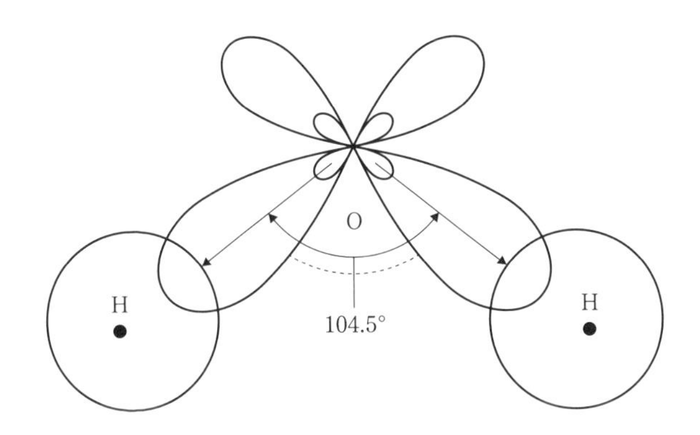

ついでだから、もっとも簡単な運動、すなわちx軸(じく)の方向に力をうけずに自由に動いている電子の波動関数Ψ(プサイと読む)を求めるための式(シュレーディンガー方程式)を見せてあげよう。(➡ノート19)

$$-\frac{\hbar^2}{2m}\frac{\partial^2\Psi}{\partial x^2}=i\hbar\frac{\partial\Psi}{\partial t}\quad\cdots\cdots⑨$$

(ディー)

この式にははじめて見る記号もあるんじゃないかな。$\hbar$は$\frac{h}{2\pi}$のことでエッチバーなどと読む。$\frac{\partial}{\partial t}$は偏微分(へんびぶん)というものの記号だ。ここでは、この式を理解する必要はないけれど、たまには数式の美しさみたいなものを、ただ眺(なが)めてみるのもいいかもしれない。もうすこし、きちんと知りたければ、巻末のノートを見ること。

この式は波のうねりを表すものなんだが、左辺には粒子（りゅうし）としての電子の質量（m）がくっついており、右辺には、なんと虚数（きょすう）i（虚数とは2乗すると−1になる不思議な数）があって、エネルギーをあらわしている。そしてこの式のΨは、ふだん私たちがつかっているような実数ではなくて、虚数と実数がまざった‘複素数’とよばれる不思議な数で、このΨから電子がいる確率を計算することができるものなんだ……。（➡ノート19）

反粒子（りゅうし）と仮想粒子

さて、イギリスの理論物理学者P. A. ディラックは、電子についてのシュレーディンガー方程式を相対性理論をみたすように書きなおしてみたところ、またまた不思議なことがでてくることを発見した。1928年のことだ。

むずかしいことはぬきにして結果だけをいえば、電子は小さなコマがくるくるまわっているような性質（スピンという）をもっていること、それと実は真空というのは、マイナスのエネルギーをもった電子が身動きできないほどぎっしりつまっている、まるで海のような空間だということのふたつだ。

このスピンという考えは、右まわりと左まわりの2種類の電子が存在するということで、それまで不可解とされていた原子のだす光のずれをうまく説明することを可能にした。（➡ノート20）

一方、マイナスの海という常識をこえた考えは、まったく予想もつかない重大なことだった。ディラックの理論によれば、現在私たちがみている電子は、マイナスのエネルギーの海の中からプラスのエネルギーのこの世界へとびだしてきたもので、そのぬけがらは電子そっくりの粒子で、ただ電荷の符号が電子と反対のプラスだとしたんだね。

もう少しきちんといえば、マイナスのエネルギーをもつ世界とは、力を加えて動いているものを止めようとすれば、さらに加速され、加速しようとすれば止まってしまうようなあべこべの世界、つまり反世界のことだ。この一見不合理な世界にぽっかりあいた穴を、私たちの世界から眺めると、ちょうど通常の電子と反対の（プラスの）電荷をもつ現実世界の粒子として目にうつることが理論的に示されるわけだ。

この粒子はポジトロン（陽電子）とよばれ、1932年、アメリカの原子物理学者C. D. アンダーソンによって発見された。つまり、強い光のエネルギーが反世界の海の中から電子をたたきだし、電子・陽電子の対をつくるけれど、エネルギーを失った光は消えてしまう。そしてその逆もある。電子・陽電子の対がいっしょになると、これらは突然消えて光に姿をかえて消滅してしまう！　これを対生成・対消滅とよんでいるけれど、これはエネルギーが消えて物質（質量）が生まれたり、物質が消えてエネルギーになったりすること、エネルギーと物質（質量）は同じもののふたつの姿だということを示しているんだね。

電子だけでなく、すべての素粒子にはそのぬけがらの粒子、すなわち‘反粒子’が存在する。陽子には反陽子、中性子には反中性子、そのちがいは大ざっぱにいえば、スピンの向き（まわり方）が反対で、電荷をもったものはその符号が反対であることを除けば、質量や形は同じなんだ。

質量 m とエネルギー E がたがいに姿を変えることができる――$E=m\times c^2$（c は光速度）――これはアインシュタインの特殊（とくしゅ）相対性理論から導かれるもっとも重要な結果だけれど、粒子・反粒子の存在はこの理論の正しさを示す有力な証拠（しょうこ）のひとつになっている。

ところで、この $E=m\times c^2$ とエネルギー、時間の不確定性原理をくっつけると、また不思議なことがでてくる。つまり、質量 Δm は、特殊相対性理論が示すとおりエネルギーの“ゆらぎ” $\Delta E=\Delta m\times c^2$ に変身することができるから、それを⑧（p.134）式、$\Delta E\times\Delta t\sim h$ に代入すると、

$$(\Delta m\times c^2)\times\Delta t\sim h$$

両辺を c^2 で割ってみると

$$\Delta m\times\Delta t\sim\frac{h}{c^2}\quad\cdots\cdots⑩$$

これは短い時間に限れば（Δt →小）、質量の不確定さが大きくなって（Δm →大）、もともと存在した粒子のほかに、あたらしい粒子が存在できることを意味している。

たとえば、あるひとつの粒子がゆらいで、ふたつになり、Δt 時間後には、またひとつのもとの粒子にもどっていることもありうるわけだ。まるで、おとぎ話のシンデレラのよう

だね。

それでは、ひとつの陽子がゆらいで陽子くらいのふたつの粒子になっていられる時間を計算してみよう。

⑩式の両辺を Δm でわって、Δt についてとき、Δm（陽子の質量）$\sim 1.7\times10^{-27}$kg、c（光速度）$\sim 3\times10^{8}$m／秒とすれば、

$$\Delta t \sim \frac{h}{\Delta m\times c^2}=\frac{6.6\times10^{-34}}{1.7\times10^{-27}\times(3\times10^{8})^2}$$

$$=4.3\times10^{-24}\ (\text{秒}) \quad \cdots\cdots ⑪$$

ここでもちろん h はプランク定数（6.6×10^{-34}J・秒）だ。

さらにこのシンデレラのような粒子（仮想粒子とよぼう）が Δt 秒間に移動できる距離（きょり）d は、その移動速度が光の速さぐらいだとすると、

$$d=c\times\Delta t$$

$$=3\times10^{8}\times4.3\times10^{-24}$$

$$=1.3\times10^{-15}\ (\text{m})$$

これは陽子の大きさ（8×10^{-16}m）とほとんど同じくらいだ。

これは大変なことを意味している。すなわち、ふたつ以上の素粒子が自分の大きさと同じくらいの距離まで近づくと、短い時間の間なら、ひとつの粒子が仮想粒子を放出して、それを別の粒子が吸収したり、おたがい、仮想粒子を交換（こうかん）することができる！　いいかえれば、仮想粒子のキャッチボールをしているふたつの粒子はたがいにはなれることができず、引力をおよぼしあっていることになる。しかも、この力は仮

想粒子の到達距離 d よりも小さい領域でしか作用しない特殊な力だ。実は、原子核をまとめている力（核力）が、このような粒子の交換によるものだということを初めて予言したのが日本の理論物理学者、湯川秀樹博士だった。それは、1935 年に提唱され、陽子と電子の中間の質量をもつとされていた仮想粒子は‘メソン（中間子）’と名づけられた。そして 1937 年に陽電子の発見者でもあるアンダーソンによって、ミューオン（μ 粒子）が、1947 年にはイギリスの物理学者 C. F. パウエルによって核力の原因となるパイオン（π 中間子）が美しいスイスのアルプス、ユングフラウ山中の観測所で発見された。このように、素粒子の世界はけっして静かなものではなく、めまぐるしく生成消滅をくりかえしている。

真空とは、けっして何もない空っぽの空間ではなく、それはマイナスのエネルギーでみたされた不思議な世界であり、そこはまた、電子と陽電子のような粒子と反粒子たちの生成消滅によってできる光の雲におおわれている空のようなものなんだね。（➡ノート 21）

‘なにもないところがつまっていて生成消滅がくりかえされている’なんて‘無という存在’を考え、‘すべてが移ろいゆく無常’を考える東洋の思想とどこか似かよっているね。

基本粒子・クォーク

陽子、中性子、電子、そして光からこの世界全体ができていると思われていたのに、反粒子や仮想粒子など新しい粒子がつぎつぎに見つかってくると、これらの粒子をつくっているほんとうの基本粒子がほかにあるのではないかと思いたくなるね。

そこで、電子やミューオン（μ（ミュー）粒子）のようにほとんど大きさをもたない粒子（軽粒子の意味でレプトンとよんでいる）の場合はともかく、陽子やパイオン（π（パイ）中間子）のようにある程度のひろがりをもつ粒子（強粒子の意味でハドロンとよんでいる）の構造を極めようという試みがはじめられた。つまり、これまでに見つかっているハドロン（たとえば陽子や中間子などのグループ）を、その電荷やスピンなどで分類する作業が進められたんだね。

そして1964年、アメリカの物理学者M. ゲルマンとG. ツヴァイクによってそれぞれハドロンの構造の模型が提唱された。これがハドロンのクォーク模型とよばれるものだ。

これは陽子や中性子のようなハドロンがほとんど大きさをもたない3種類の基本粒子からできているというもので、もとはといえば日本の物理学者坂田昌一博士によって1956年に提唱されたハドロンの坂田モデルを発展させた考えだった。**（➡ノート22）** この3つの基本粒子はu（アップ‘上むき’）クォーク、d（ダウン‘下向き’）クォーク、s（ストレンジ‘奇妙’）クォークと名づけられ、それぞれの電荷は陽子を1として2／3、−1／3、−1／3であるとされた。

ところで、この‘クォーク’という神秘的なひびきをもつ名前は、ゲルマンの思いつきによるものらしい。しかし、のちに、今世紀アイルランド最大の詩人、ジェームス・ジョイスの難解な最後の大作『フィネガン徹夜祭』の中で、霧たちこめる海の中をマーク王のもとに嫁いでゆくイゾルデと、それを護衛するトリスタンをのせた船の上で突如として三声ないた海鳥の声が‘クォーク（quark）’と表現されていることを知り、ゲルマン自身おおいに驚いたという話が伝わっている。

とにかく、この３種類のクォークとその反粒子の反クォークを仮定することで、当時知られていたすべてのハドロン――たとえば、陽子、中性子、の仲間としてパイオン（π中間子）、ラムダ（Λ）粒子、シグマ（Σ）粒子、グザイ（Ξ）粒子、ケイオン（K中間子）、イータ（η）中間子、デルタ（Δ）粒子など――のふるまいを説明することができたんだ。それと、1963年にすでに発見されていた謎のオメガ・マイナス（Ω^-）粒子も、この理論から予言できたりして、ハドロンをつくっている基本粒子としてのクォークの考えは広く世に認められることになった。

その後、電子や陽子などを電磁石を利用して光の速さに近いスピードまで加速し、いろいろの標的物質にあてたり、たがいに衝突させたりして、陽子のようなハドロン自身をこわして、その構造をしらべようという実験が行われた。考え方としては、ラザフォードの原子核の存在を確かめる実験と同じだけれど、素粒子をこわすとなると、たとえば長さ3kmの真空のトンネルの中を光速に近いスピードの粒子を走らせるなど、突拍子もなく大がかりなものになる。より小さいものを求めるのに、より大きな装置とエネルギーを必要とするんだね。小さいものほど、かたく結びついているからだ。

さて、このような実験を行う分野を‘高エネルギー物理学’とよんでいるけれど、とにかく粒子の衝突実験によって、元素の種類をはるかに上まわる新粒子がぞくぞくと発見されてしまったんだね。ところが、これらの粒子の寿命はおどろくほど短く、生まれたと思ったら、もう崩壊してしまう。まるで、幻の粒子みたいなんだね。それでも、これらの新粒子を分類する作業がすすめられ、その性質を説明するために、u、d、sクォークのほかに、現在ではc（チャーム‘魅力’）、b（ボトムまたはビューティ‘底または美’）、t（トップまたはトゥルース‘いただき、または真理’）という名の新しいクォークの存在を私たちは確信している。このようにギリシャ時代にはじまった‘アトム’という考えは、物質の最小単位である分子をつくる原子へ、さらに原子をつくる電子と原子核、そして原子核をつくる陽子や中性子もまた、クォークとよばれる基本粒子からできているということになった。

いいかえれば、この宇宙全体、星も空気も草も花も、そして私たち人間も、これらのクォークとレプトン、そして光（フォトン）の一族からできているということなんだ。

ここでいくつかの代表的なハドロンのクォーク模型を書い

物質の粒子

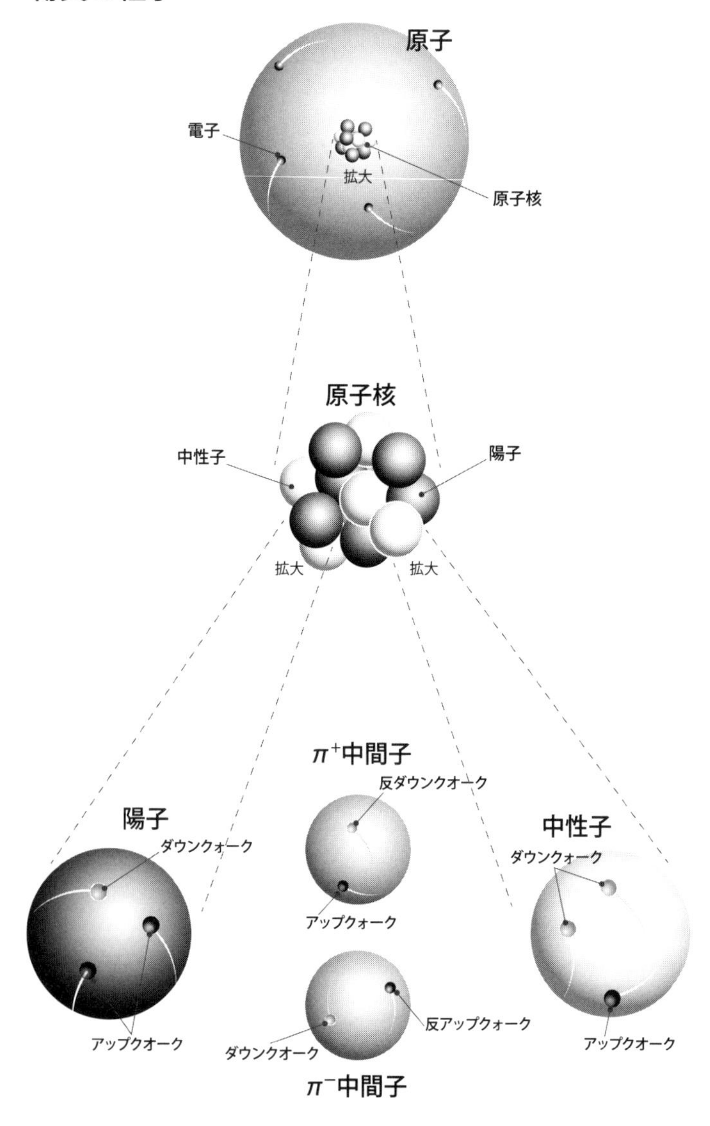
原子
電子
拡大
原子核
原子核
中性子
陽子
拡大
拡大
π⁺中間子
反ダウンクオーク
陽子
ダウンクォーク
中性子
ダウンクォーク
アップクォーク
アップクオーク
反アップクォーク
ダウンクオーク
アップクオーク
π⁻中間子

ておこう（p. 163の表を参照）。クォークの記号の上に－がついているのは反クォークを示し、その電荷はもとのクォークと符号が反対であることに注意しよう。それと、陽子、中性子のような重い粒子（バリオンとよんでいる）は3つのクォークから、それよりも軽い中間子（メソンとよんでいる）はふたつのクォーク（クォーク・反クォークの対）からできていることもおぼえておこう。

冬のまとめ――原子からクォークへ

不確定性原理に支えられて、原子の中の電子は原子核におちこむことなく安定に存在し、その原子をつくるものは電子のようなレプトンと陽子や中性子のようなハドロンであることがわかった。そして、このハドロンは、さらに小さな基本粒子‘クォーク’からできているんだね。

ところで、ハドロン同士がそれらをつくっているクォークをとりかえると、それぞれ別のハドロンに変身したりする。たとえば、陽子はu、u、dクォークからなり、中性子はu、d、dクォークからできているわけだから、もし陽子のuクォーク、中性子のdクォークがいれかわれば、陽子は中性子に、中性子は陽子に姿をかえるわけだ。このクォークのやりとりはむずかしいことをぬきにして結論だけいえば仮想粒子の交換をとおしておこなわれる。つまり、これが、前に話した原子核をまとめる力、すなわち‘核力’を生みだしているものだ。ちょっと考えてごらん。原子核の中では、プラス電荷をもった陽子がひしめきあっている。ところが、同種類の電荷の間に作用する力は反発力で、しかも、ふたつの電荷の間の距離が小さいほど大きくなるわけだから、原子核はこわれてしまうはずだ。原子核の大きさをピンポン玉くらいだとして、この反発力の大きさを計算してみると、現代科学が作りうるもっとも強く硬い超硬合金で周囲をかためたとしても、一瞬のうちにひきちぎってしまうほど強いことがわかる。

そんな反発力よりもさらに強い力が原子核をまとめているわけで、この神秘にみちた力は長い間、謎とされてきたんだね。この謎をといたのが、仮想粒子の考え方で、前に話したように、湯川秀樹博士の発想によるものだったことをよくおぼえておいてほしい。仮想粒子を陽子と中性子が交換しあっているかぎり、ちょうどキャッチボールをしているふたりが一定の距離以上にはなれることができないように、陽子と中性子は、互いに姿をかえながら、はなれることがないんだね。**(➡ノート 23)**

ところでクォークはどんな姿をしているのかな？　残念ながら、その素顔をみた人はだれもいないし、ひょっとしたら永久に見られないのかもしれない。これをクォークとじこめ理論とよんでいる。**(➡ノート 24)**　このように、クォークそれ自身をはっきりと目でみることはできなくても、陽子や中間子などのようなハドロンの衝突実験の結果をくわしく分析することによって、私たちは、ハドロンのクォーク・モデルは正しいことを確信している。

目にみえないからといって、あるいは耳にきこえないからといって、あるものの存在を否定してはいけない。それは、風のかたちや色がみえなくても、ゆれる木の葉やまわっているかざぐるまから風の存在をはっきりと感ずることができるという事実からもわかるね？

つまり、私たちはかぎられた視覚とか聴覚のような五感の小窓を通してのみ自然と接することができる。しかし科学の発展は、本来みえないものを見えるように、きこえない音をきけるまでにその小窓を拡げた。これが一体何をもたらすのかは今後の大きな課題になるだろう。

いずれにしても、この世界は、レプトンとクォークと光からできているということになった。身のまわりにあるものにかぎれば陽子と中性子をつくるアップクォークとダウンクォークと電子だ。

after all

まとめのたより

未来にむけて――宇宙をまとめる力

宇宙全体は、いくつかのレプトンとクォークからできているということはわかってもらえたかな。結局、それらがおたがいに力を及(およぼ)しあい、よせ集まって、宇宙をつくっているんだね。つまり、力の本質を通しても、宇宙のからくりを知ることができるんだ。

ところで、自然界に存在する力は、強さで分類すると、全部で4つあることがわかっている。つまり、(1) 強い力（原(げん)子核(しかく)をまとめる力、核力のこと)、(2) 電磁力（電荷や磁石の間に働く力で、原子や分子をまとめる力)、(3) 弱い力（中性子を陽子に変化させる原因となる力)、(4) 重力（とくに天体の間で重要な万有引力）のことだ。(➡ノート25) これらの力はいずれも、それぞれ力をになう粒子を交換(こうかん)しあいながら力を及ぼしあうとされている。それらの粒子についてはp.163に表としてまとめておこう。つまり、空間の中をさざ波のように力が伝わっていく領域を‘力の場’といっているが、そこには仮想粒子のような‘場の粒子(りゅうし)’が存在しているというわけだ（‘場の理論’)。

この‘場の理論’のきっかけをつくったのは、前に話した湯川秀樹博士の核力の理論（核力の場の粒子としてパイオンが登場！）だけれど、場の理論計算を行う上で画期的な方法を発見したのは、やはり日本の理論物理学者、朝永振一郎博士だった。これは、‘くりこみ理論’とよばれ1947年に発表されたものだが、忘れてはならないのは、この理論が「理論が完全で何でも計算できるという期待を放棄（ほうき）して、できるものとできないものをはっきりわけることによって、逆に厳密な計算が可能になる」というある意味では逆説的、東洋的あきらめを連想させる哲学から出発しているということだ。哲学と物理学はとても近いところにあることをよくおぼえておいてほしい！

さてそこで、物理学者たちの課題となったのは、この４つの力をどのようにして考えればまとめることができるか、ということだ。

電磁力と弱い力については、アメリカの物理学者S.ワインバークと、パキスタンの物理学者A.サラムによって1967年に統一され、WS理論とよばれている。これは、電磁力は光（フォトン）をやりとりすることによって生じ、弱い力は湯川理論をおしひろげて、Wボゾンという、やはり光に似た場の粒子のやりとりによって生ずると考えるもので同一の相互作用の異なった側面としてふたつの力を解釈するものだ。現在、この理論にさらに強い力を含めるための努力が重ねられていて、これは‘大統一理論’とよばれている。もし、この理論が完成したとすれば、永遠不滅だと思われていた陽子もいずれは崩壊して、最後は宇宙全体が光になってしまうことが予測される。それは少なくとも、今から10^{31}年くらい後のことで、宇宙の年齢（およそ10^{10}年）の100億倍のそのまた100億倍以上も時間がたったあとのことだとされている。（➡ノート26）

いいかえれば、光として生まれたこの宇宙は、ふたたび光にもどるわけだ。

「一切は行き、一切は帰ってくる。存在の車は永遠に回転する。」ドイツの偉大な哲学者ニーチェの『ツァラトゥストラかく語りき』の中の一節、「永劫回帰」がふと思いだされるね。

素粒子と宇宙の統一をめざして

それでは、第4の力、重力をも含めて、宇宙の中の力をまとめて考えることはできないのだろうか？　これは‘超統一理論’とよばれていて、素粒子論と宇宙論との統合をめざす今後の物理学のもっとも大きな課題となっている。

$$R_{\mu\nu} - \frac{1}{2} g_{\mu\nu} R = 8\pi G T_{\mu\nu} \quad \cdots\cdots⑫$$

ところで、これが有名なアインシュタインの宇宙方程式だ。この式の意味をほんとうに理解することはかなりむずかしいことで、今はその必要はまったくないけれど、複雑で変化に富んだ宇宙の様相を、こんなにも単純な数式におきかえることもできるなんて不思議だね。ついでだからすこし説明しておこう。この式の左辺は時間を含めた時空の曲がりを重力としてあらわしたもので、右辺は、時空の中に存在する物質と、その他のあらゆる種類のエネルギーをあらわしているんだ。いいかえれば、この式は場と粒子の関係を示している。君はこれをみて、美しいと感じるかな？

さて、前に話した３つの力、すなわち、‘強い力’‘電磁力’そして‘弱い力’はいずれも特定の物体が、特定の状態にあるとき、いいかえれば、粒子が電荷をもっていたり、磁気をおびていたり、あるいは、それらの粒子の位置関係によってはじめて作用する力だった。ところが、重力は、その物体が質量をもってさえいれば、電荷や磁気などには関係なく作用してしまう。しかも力の到達距離は、距離の２乗に逆比例して弱くなるけれども、無限遠の彼方までとどくことができる。重力は、この宇宙の中に存在する、もっとも基本的な力なんだね。だからこのアインシュタインの方程式を何らかの方法で解くことは、‘超統一理論’へのひとつの道となるわけだ。

ところで私たちの宇宙は、今からおよそ138億年の昔、無もないようなところから、ただ１点の光として誕生した。そのとき、この４つの力は同じだった。ビッグ・バンから10^{-44}秒たったとき、まず重力がめばえた。そのときの温度は10^{32}度。やがて10^{-36}秒たつと温度は10^{28}度まで下がり、‘強い力’が誕生する。そして10^{-11}秒たって10^{16}度まで冷えたところで残されていた‘弱い力’と‘電磁力’が枝分かれをおこし、さらに 10^{-4} 秒たって 10^{12} 度になったとき、はじめてクォークから陽子のようなハドロンが誕生したと考えられている。つまり宇宙がつくられたとき、そこに存在したのはただひとつの力で相互作用しあう光のような質量ゼロの粒子だった。そして膨張（ぼうちょう）によって温度が下がると、あたかも水蒸気から水になり、そして氷になるように、新しい力が生まれ、つぎつぎに素粒子のしずくがつくられていったんだ。ここで忘れてはならないのが2012年に発見されたヒッグス粒子。これは、すべての粒子たちに質量を与えると考えられている粒子で、宇宙全体にみちていて、宇宙の最も根源的な性質のおおもとになっているらしいことだ。それらの粒子たちはやがて星をつくり、星は長い時間をかけて私たちをつくった。

ところで私たちが今存在しているという事実、これを過去に向けて逆にたどってみよう。くわしいことは巻末のノートにゆずることにして、結論をいえば、現在、存在するこの宇宙が、数ある宇宙の姿の可能性の中で**唯一最善のもの**だ、ということを導くこともできる。これは宇宙の一様性、均一性を主張する‘宇宙原理’に対して、‘人間原理’とよばれる考え方だ。宇宙とは偶然（ぐうぜん）と必然がからみあったなんとも不思議な存在なんだね。（➡ノート27）

むすびの言葉にかえて

自然が人間をつくり、今ようやく自然自身が、自然の一部である人間を通して自分自身を認識できるようになった。

ギリシャの昔（むかし）から、ものは何からできているか、ものの本質は何かと、あくことなく続けられた原子論も、クォークを探しあてるところまで到達したのだね。しかも、クォークの存在を確信しても、それが永遠に私たちの目にふれることがないとすれば、原子・素粒子（そりゅうし）・クォークと追い求めた原子論は、ある段階でのくぎりを迎えたということなのかもしれない。

ここでクォークモデルの存在を預言していたのが小林誠博士と益川敏英博士だったことをつけ加えておこう。1973年のことだ。この預言が実験でたしかめられたことから、2008年、ノーベル物理学賞を受賞している。ここでこれまでに確認されている素粒子たちを表にしてまとめておこう。

自然は自らをかくしたがる。その秘密の花園をかいまみることによって人間は生きることをつづけてきた。‘科学(science)’という言葉は、もともとラテン語の‘知る(scientia)（スキエンティア）’ということばに由来している。科学とは知ることだったのだ。ところで、scienceの前にcon（……とともにという意味）をつけるとconscience、つまり‘良心’という言葉になる。このconは、一説によればコントロール（control)

クォークからつくられる代表的な素粒子

		名前	記号	クォーク構成
ハドロン	バリオン（重粒子）	陽子	p	uud
		中性子	n	udd
		ラムダ粒子	Λ	uds
		シグマ粒子	Σ^{+}	uus
			Σ^{0}	uds
			Σ^{-}	dds
		クサイ粒子	Ξ^{0}	uss
			Ξ^{-}	dss
		オメガ粒子	Ω	sss
	メソン（中間子）	パイ中間子	π^{+}	$u\bar{d}$
			π^{0}	(uu-dd)
		K中間子	K^{+}	$u\bar{s}$
			K^{0}	$d\bar{s}$

	第1世代	第2世代	第3世代
クォーク	アップ u	チャーム c	トップ t
	ダウン d	ストレンジ s	ボトム b
レプトン	電子 e	ミューロン μ	タウ粒子 τ
	電子ニュートリノ ν_e	ミューニュートリノ ν_μ	タウニュートリノ ν_τ

基本粒子

ゲージ粒子	相互作用
光子 γ	電磁気力
ウィークボゾン $W^{+}W^{-}Z^{0}$	弱い力
グルーオン g	強い力
グラビトン G	重力

四つの力とそれをつたえるゲージ粒子

ヒッグス粒子

の con でもあり、‘知ること’と‘良心’はたがいに影響をおよぼしあいながらバランスをとっていくべきことを示唆(しさ)しているのかもしれないね。知の探求には知の責任があるということだ。このことを、我々すべての人類が心しなければならないことをクォーク物語は示唆しているのかも知れない！

ここで、室町時代の能作者、世阿弥の『風姿花伝』第七別紙口伝の中の一節を書き記しておこう。

秘スル花ヲ知ルコト。「秘スレバ花ナリ。秘セズバ花ナルベカラズ」トナリ。コノ分ケ目ヲ知ルコト、肝要(カンエウ)ノ花ナリ。

花が咲くのも、木の実がおちるのも、雪や星が輝(かがや)くのも、そして君や私が生きているのも、みんな宇宙の中のできごと。

星も雪も花も私たちも、それらをつくっているのはまったく同じ基本粒子。ちがっているのは、そのくみあわせだけだ。としたら、星も私たちも同じものなのだろうか？　何かが違(ちが)う！　星と人間のちがいは、エネルギーのつくりだし方にもみられる！　つまり体重 60kg の大人が生きているというだけでつくりだしているエネルギーはおよそ 100 ワット、一方、太陽が光り輝いているエネルギーを太陽のかけら 60kg あたりになおすとなんと 0.012 ワット！ （➡ノート 28）　なにかがちがう！

私たちが今、‘生きている’ということは一体なにを意味しているのか、宇宙の長い歴史の過程を経て私たちが存在していることの不可思議さを考えてほしい。

宇宙はかぎりなく広く、それはかぎりなく小さいものからできている。138億年という宇宙の年齢にくらべれば、ほんの一瞬にすぎない今、生成消滅がくりかえされるめまぐるしい物質界の中で、君は、大宇宙と小宇宙の涯を君の意識の中でとらえようとしている。

私たちが生きていくうえでの永遠の輝きとは何か、いつか君と話すこともあるだろう。

窓辺をわたる風のさざ波の中に、幼い春の息づかい。春はちかい。

それでは、またあえる日をたのしみに。ごきげんよう。

★

第 3 章

宇宙・素粒子・わたしたち

January

1月のてがみ

時をかけるまなざし―― M31とのであい

1月のりんとはりつめた透明な大気の中にアンドロメダ銀河M31が美しくほのめいている。おぼえているかな？　コスモスゆれる丘の上、足もとにはまるで海底の宮殿のように街のあかりがともり、草の上にねころべば今にも手がとどきそうな星の群れの中で、はじめてM31とであったときのこと……。

M31は、私たちが天体望遠鏡の力をかりずに、私たち自身の目で直接みることができるもっとも遠い天体だ。そこまでの距離は230万光年。230万年という気が遠くなるほど長い年月をかけて宇宙を旅してきた光が、今ようやく君のひとみのところにたどりついたということになる！ （➡第1章ノート3）　このことを逆に考えてみると……、そう、君のまなざしは私たちの銀河内空間（その大きさはおよそ10万光年）をつらぬき、230万光年のかなたにある別の銀河世界へと逆に時をかけていったということにもなる！

M31をじかにみてしまったということ、これはたいへんなことなんだね。考えてごらん。230万光年、すなわち200億kmのそのまた10億倍（～ 2×10^{19} km）という途方もなく大きな空間のひろがりと、230万年、すなわち69兆秒（～ 6.9×10^{13} 秒）という広大な時間のひろがりを君自身のからだの中に包みこんでしまったのだから！　これは、自分自身と宇宙を**ひとつのもの**として考えるという意味で、まさに貴重な宇宙体験のひとつだともいえる。

ところで、光が真空や空気の中を走るスピードは１秒間に30万km、ものすごいスピードだけれども、ある距離をすすむには時間がかかる。ということは、私たちがみているものは、それがどんなに近くのものであっても、すべて〈過去〉の姿をみていることになる。この手紙の中の文字だってそうだ。なぜなら、紙の上の文字から反射してでてきた光が目にはいるまでには、時間がかかっているからだ。たとえば、紙と目の距離をかりに30cmとすれば、そこを光が通りぬけるための時間は１秒の10億分の１。ほんのわずかの時間だけれども、これはけっして０ではない（➡ノート１）。

このようにして、私たちは、この広大無辺な宇宙の時間と空間の広がりと奥行きの中で、いつもまわりのものとかかわりあい、まざりあって生きているんだね（➡ノート２）。

ここで、紀元前２世紀ごろの中国の文献『淮南子（えなんじ）』には〈宇〉を‘四方上下、すなわち空間’、そして〈宙〉を‘往古来今、すなわち時間’、いいかえれば〈宇宙〉とは全空間、全時間の中でおこるすべてのことをふくむものだとして記されていることをつけくわえておこう。

光の波と粒子の光

はるかかなたの遠い銀河を、はるかむかしの遠い過去に旅立った光。つかれることもなく宇宙空間を走りぬけて、今、ようやく君のひとみのところについた光。この光の不思議な性質を考えることからはじめよう。

日なたに白い紙をおいて、その上に手をかざしてごらん。紙の上には手の影絵ができる。

そこで、手の影のりんかくを注意深くみながら、手を紙から離していくと、どんなことがわかるかな？　そう、手と紙が離れれば離れるほど、手の影のりんかくのぼやけは大きくなっていく。これは、手のへりを太陽の光が通りすぎるとき、手でさえぎられた影の部分にわずかではあるけれども光がまわりこんで、うっすらと照らしているためなんだね。だから、手と紙の間の距離が大きくなればなるほど、手のへりでまげられた光の進路は、紙のところに着くまでに大きくずれて影の中にまわりこみ、りんかくをぼやけさせてしまう。この様子は、沖からうちよせる波が防波堤の内側にもまわりこんでくる光景ににているね。光は、〈波〉ににた性質をもっているということだ。

ところで、私たちの目が光をとらえ、それを見ることができるのは、網膜の上にあるレチナールとよばれる物質が光のエネルギーを吸収して化学変化をおこし、そのときの刺激が脳につたえられるからだ。つまり、光と物質との間の力のやりとり（相互作用）は、あたかも光がエネルギーをもった粒であるかのような印象をあたえる。じつは、光の強さを弱めていくと、ひとつ、ふたつ、と数えられるようになることが実験でたしかめられているが、このことは光が〈粒子〉ににた性質をもっていることを示しているんだね。

〈波〉のような、それでいて〈粒子〉のようにもみえる光。私たちの目には、海の波と浜辺の砂粒は、あきらかに別のものとして映っているのだから、〈波〉と〈粒子〉の性質を同時にもっている光は、私たちの身近にありながら、ふだんの常識をこえた不思議な存在だということになる。

このつづきはまた来月の手紙で話すことにしよう。

１月の星。そのきらめきはクリスタルグラスのひびき。あるいはいつか聞いたあのなつかしい‘星と雪のソナチネ’。

おやすみなさい。

February

2月のてがみ

光がみせるふたつの顔——波と粒子

ふいに冬をよぎって春のひかりがとおりすぎる。

今月は、波であって粒子でもある光の不思議な性質についてもうすこし考えてみよう。

まず、〈波〉ってどんなもの、と聞かれたら君はなにを想像するかな？ ‘海の波’それともひろい野原の上をわたる‘風の波’……？　それでは、〈粒子〉についてはどうだろう？　まず心に浮かぶものは‘砂粒’とか、‘さくらんぼ’のようなものかもしれないね。そう、私たちが〈波〉であるとか〈粒子〉であるとかいっているときには、いつも‘海の波’のような、そして‘さくらんぼ’のようなもののイメージを心にえがいたうえで〈波〉とか〈粒子〉という言葉をつかっているんだね。つまり、日常生活の中で見なれたものの姿と比較しながら話をしているわけだ。だから、私たちが光の姿を実験によってたしかめようとするとき、たとえば、光が‘ものかげ’にまわりこむ現象（回折）や、ふたつの波が重なって強めあったりする現象（干渉）をとらえるような実験をとおしてみれば、光は〈波〉だということになり、逆に、光をひとつ、ふたつ、と数えるような実験をとおしてみれば、光は〈粒子〉だということになってしまう（➡ノート３）。いいかえれば、光の性質を調べる実験の方法によって、光は〈波〉や〈粒子〉のふたつの顔をみせることになる！

ところで、私たちが何かについて知ろうとすれば、いつも相手を知るための‘はたらきかけ’、つまり観察するための実験（観測）が必要になる。たとえば、暗やみの中に‘さくらんぼ’があったとして、それを知るためには、光で照らしてみるか、でなければ指でそっとつまんでみるかしなければわからない。そのとき、光で照らせば‘さくらんぼ’の形や色を知ることができるが、暗やみのなかでつまんでみても色を見分けることはできない。そのかわり、やわらかさかげんを知ることはできる。いいかえれば、あるものが〈存在〉したり、‘その〈性質〉は……である’というような〈事実〉は、いつも〈観測〉の方法にかかわっていて、言葉をかえれば‘事実は観測によってつくられる’ということなんだね（➡ノート４）。すなわち、あるものの存在やその性質は、そのもの自身にもともとそなわっているというよりも、むしろ、まわりとの‘かかわり’できまってくるということだ。

波は粒子（りゅうし）で粒子は波だ

そこで、〈波〉と〈粒子〉の関係をもう少しはっきりさせるために、別の立場から考えてみよう。

君がまだ幼かったころ、庭でよくボール遊びをしていて、私の勉強部屋にボールがとびこんだものだった。部屋には庭に面してふたつの窓があったが、ボールはいつもそのふたつの窓のどちらかをとおってはいってくる。この‘あたりまえのこと’は〈粒子〉としてのボールの性質をよくあらわしている。つまり、ひとつのボールはふたつにわかれることなく、ふたつの窓から同時にはいってくることはできないわけで、〈粒子〉とは空間の一部分をはっきりと占めていて、まわりがぼやけていたり、ぼんやりとひろがっていたりしないものなんだね。

ところが、庭で遊んでいる子供たちのにぎやかな声は、ふたつの窓をとおって同時にきこえてくる。かりに、窓をぴったりしめてしまったとしても、音はどこからともなくしのびこんでくる。つまり、空気の振動である音（音波）は、あたり一面にひろがりながらつたわっていく。これが、〈波〉の特徴だ。

さて、こんどは、‘なわとび’の綱の両はしをたるまないようにふたりでしっかりもって、ひとりが勢いよく上下に一回だけふったとしよう。綱の上にできたひとつの山が手もとから相手の方にむかって動いていくことになるね？　それは、あたかもエネルギーのかたまり、すなわち〈粒子〉のようなものが走っていく姿ににている！　ところで〈波〉は高いところ（山）と低いところ（谷）をもっているから〈波〉なのであり、しかもその高低差、つまり‘波の高さ’が大きくなればなるほど、その〈波〉がもつエネルギーは大きい（➡ノート5）。これは防波堤にうちよせる波の高さが高いほど、ぶつかったときの衝撃が大きく、波のしぶきが勢いよくあがることからもわかるね？　いいかえれば、波の山のところにはエネルギーがたまっていて、だからこそ、そこに〈粒子〉のかたまりがあるようにもみえるんだね。〈波〉と〈粒子〉というまったく姿のちがったものであっても、見方をかえると、じつは同じひとつの現象のオモテとウラの姿としてとらえることができるということだ（➡ノート6）。

それでは、光とはいったい何なのだろう？　このことについては、またあとでゆっくり話すことにして、今月は、光が〈波〉と〈粒子〉のふたつの性質をもっていたとしても、ちっとも不思議なことではない、ということがわかってもらえればそれで十分だ。

霧氷にこぼれる２月の光。それは孤独の中でかすかに響く美しい澄んだ音のスペクトル。

March

3月のてがみ

空間のひずみが波となる

研究室の窓をたたく風はまだつめたいけれど、窓ごしにみる桃(もも)のつぼみはわずかにふくらんできたようだ。空の雲にも春の気配。やさしい‘ひなの季節’になったね。

さて、君がまだちいさかったころ、空の上の上にはなにがあるの、と毎日のようにきかれたものだった。空の上には雲のお城があって、そこには雨や雪をつくる人たちがいて、そのずっと上の方にはやっぱり空がひろがっていて……。そう、じっさいに空の上を調べてみると、地球の大きさをかりに直径 1m の球だとすれば、空気の厚さはたかだか 1mm くらい、その外側はほとんどなにもなくて‘からっぽの真空’がはてしなくひろがっていることがわかる(➡ノート7)。とすると、宇宙のかなたから、なにもない真空の空間を波のようにゆれながらとんでくる光の粒子(りゅうし)とはいったい何なのだろう？　海の波にしても、綱(つな)の上を走る波にしても、波がつたわるためには、海の水や綱のように振動(しんどう)して波をつたえるもの（媒質(ばいしつ)）が必要だ。それがなければ、波はつたわりようがない。真空をつたわってくる光の波とは、いったい何が振動しているのだろう？　この疑問にきちんと答えるためには、すこしめんどうな数学の力をかりなければならないけれど、ここでは君のすてきな感性とゆたかな想像力にたすけてもらうことにして結論をいってしまおう。いいかな？ ‘空間の性質そのものの変化が波としてつたわる !!’ つまり、こういうことだ。真空とは、なにもない‘からっぽ’だといったけれど、この‘からっぽ’というのは、私たちの日常生活の中での目をとおしてみたとき、なにもないということであって、もし、私たちの目にはみえない、手でもさわれない、いいかえれば、私たちの日常の感覚をとおしては感ずることができないようなある性質で真空がみたされているとすれば、その性質の変化が波のようにつたわっていくのがみえなくても、なんの不都合もおこらない。たとえば、消しゴムの上に小さな三角形を書いて、その消しゴムを曲げたり、ねじったりしてみよう。すると、えがかれた三角形の形はいろいろにかわって、もし、内角の和をはかるとすれば、いつも 180 度であるとはかぎらなくなってしまう（➡ノート 8）。これは、消しゴムがつくっている空間、たとえばその表面がのびたりちぢんだり、ねじれたりしたために、その部分の性質が変化したことを示している。ここで、もし、消しゴムが透明（とうめい）で、その上に書かれた三角形しかみえないとしたら、それをみた人はどう思うだろう？

そう、‘空間がひずみながら変化している！’

空間のひずみが粒子をつくる

こんどは、よくのびちぢみするゴムの糸を直角に、しかもたがいに等間隔になるようにくみあわせてつくった大きなネットが、たるまないように張られているとしよう。外から力を加えないかぎり、ネットの網の目はどれも正方形をしている。さて、このネットのある部分をそっとつまんでもちあげてみよう。ネットの目はゆがんでいびつな四角形になる。つぎに、その手をはなすと、つまんでいた場所を中心にして、まわりに‘さざ波’がひろがっていくのがわかるだろう。そして、波の山がとおりすぎるとき、その部分のネットの目はゆがんでいるにちがいない。

さて、ネットをつまんで変形させることは、その場所にエネルギーをためこむことだ。そこで、手をはなせば、そのエネルギーがまわりにつぎつぎにつたわっていくことになる。これが、空間の変化としての波が真空の中をつたわっていくことのイメージだ。今度は見方をかえてみよう。ひずんでいる場所にはエネルギーがたまっているのだから、その部分はあたかも〈粒子〉のようにふるまい、逆に粒子のまわりの空間はひずんでいると考えてよいことになる。この考えをおしすすめてみると、‘ひずみ’としてエネルギーをたくわえている空間の部分が、物質としての粒子のようにふるまうのだから、結局、エネルギーと物質はもともと同じもので、空間の‘ひずみ’の‘ふたつの顔’だということになってしまう！　いいかえれば、物質がエネルギーに姿をかえて消えてしまったり、エネルギーから新しい物質が突如（とつじょ）として生みだされたりすることもあるんだね。これは相対性理論からみちびかれる重要な結論のひとつだ（➡ノート9）。たとえば、ぴんと張りつめた空間、つまり粒子の気配などまったくない空間の一部がなにかのはずみで破れると、そこにできた空間の‘しわ’から新しい粒子がはじきだされることになる。まるで‘無’から‘有’が生みだされるかのように……。

さて、光の話にもどろう。光の正体は、空間の‘ひずみ’がまるで‘さざ波’のようにゆれ動きながら伝わっていくもので、この‘ひずみ’は電気をもった粒子がゆれ動いたときに空間にあたえるものと同じ性質のもの、つまり〈電磁波〉だということがわかっている。このように、エネルギーや力が空間の変化として伝えられるとき、その空間を〈場〉とよんでいて、〈場〉の‘さざ波’が粒子としてふるまうとき、それを〈場の粒子〉とよんでいる。そこで‘光の場（電磁場）’の粒子、すなわち‘光の粒（つぶ）’を〈フォトン〉とよんでいることをつけ加えておこう（➡第２章、p.101）。

３月の風。それはまだ見ぬ幸（さち）への新しい予感。それでは、またの便りを楽しみに……。

April

4月のてがみ

みちみちたからっぽ——真空

らんまんたるかげりをといて、しず心なく散り急ぐ桜の花。雪かと見まがう花吹雪(ふぶき)をつくるのは春の風だ。風は目に映らなくても、たしかに存在する！

今日は‘からっぽ’ということについて、もうすこし考えてみよう。

道路にくるまがぎっしり並んでいて、一寸きざみで動いている場面を想像してごらん。くるまは、自分の前にくるま1台分くらいのスペースがあくと、そこをうめるようにすこしだけ前進する。すると、移動したあとに新しいスペースができる。その部分をつぎのくるまがうめて、そのあとにさらに新しいスペースをつくる……。この光景を空の上からながめるとどのように見えるだろう？　そう、道路がくるまでぎっしりうめられていて、くるまがいないスペースの部分だけが、ぽっかりあいた穴のように見えるはずだ。そして、くるまがつぎつぎにその穴をうめていく光景は、あたかも、その穴がくるまのすすむ方向と逆むきに動いているかのように見える。

これは道路がくるまでぬりつぶされ、くるまのいない‘からっぽの空間’だけが目だってきて、この‘からっぽの空間’が新しい物体として逆むきにうごいているかのように見えるということだ。いいかえれば、くるまでみたされているはずの空間にはなにもなくて、その中の‘ある部分’が‘ほかの部分’とちがっているような場合（この例ではくるまがいない部分）にだけ、そこに何か新しい‘もの’があるようにみえるということなんだね。

この考えを‘真空’にあてはめてみると、なにもないようにみえる‘真空’には、私たちの感覚では知ることのできないような‘あるなにものか’がぎっしりつまっていて、その中に変化があると、それが私たちの感覚によって、はじめて‘もの’としてとらえられる、とすればよい。たとえば、‘真空’の中にたつ電磁場の‘さざ波’は〈光〉という実体として、私たちの目にうつるわけだ。だから、‘真空’は何もないようにみえても、じつは‘すべてのものを生み出すもと’であり、一方では‘すべてのものを消滅させる広大な海’のようなものなんだね。これは、音楽や言葉がつねに‘沈黙’を背景にしてなりたっているのとそっくりだ。つまり、音や言葉がとだえた瞬間の‘沈黙’は余韻のひびきとして過去と未来をつなぐものなのだから（➡ノート10）。

さて、話をもとにもどして、‘真空の海をみたしているもの’とは、いったいどんなものなのだろう？

プラスの世界とマイナスの世界

真空をみたしているもの、それは、じつは‘マイナス’のエネルギーだと私たち物理学者は考えている。この‘マイナス’ということに、いまはこだわらなくていい。さて、真空の中へ物質をいれてやると、物質はエネルギーの一種だから（➡ pp.179－180）、その真空世界がもつエネルギーは増加して不安定になる。いいかえれば、その中にふつうの物質をふくまない真空は、一番エネルギーの低い、安定した世界だということになる。ところで、安定した世界とは、‘なにか’がぎっしりつまっていて変化がおこりにくいのだ、と考えてもよい。そこで、ぎっしりつまっていると逆にエネルギーが低くなるような‘さかさまの世界（反世界）’を考え、その世界をみたしているのが、ふつう私たちが経験しているエネルギーとは反対の性質をもつ‘マイナスのエネルギー’だと考えることにしよう。つまり真空とは‘マイナスのエネルギーの海’なんだね。別の言い方をすれば、‘マイナス’のエネルギーをもった粒子（りゅうし）たちでうめつくされているといってもいい。これらの粒子たちは私たちが住んでいるこの世界、すなわち‘プラス’のエネルギーをもった世界から強い力、たとえば高いエネルギーをもった光で照らしたりすると、そのエネルギーを吸収して‘マイナスのエネルギーの海’から‘しぶき’となって私たちの世界にまいあがり、現実の粒子としてふるまう。そして‘しぶき’がぬけたあと、海の中にあいた

‘ぬけがら’は、そこからとびだして現実の粒子となったものと、姿や形はそっくりで性格が反対の〈反粒子〉として私たちの前に姿をあらわすことになる(➡ノート11)。そして、‘しぶき’が真空の海の中の‘ぬけがら’にもどるとき、この〈粒子〉と〈反粒子〉はふたたび結合し光に姿をかえて、私たちの世界から消えてしまう。つまり、光から物質の粒子たちが生まれ、粒子たちはふたたび光となって消えていくというドラマの舞台が‘真空の海’なんだね。そこで、その海の水面をエネルギー０の面だとすれば、水面上のプラスの世界と水面下のマイナスの世界は、ちょうど写真でいう‘ポジ（陽画）’と‘ネガ（陰画）’の関係が水面の鏡で映しだされているようなものだということになる。真空の世界って不思議だね！　こうして、からっぽの〈空虚〉ではなく、なにか目にみえないものでみたされた〈虚空〉のような‘真空’に想いをよせながら、桜の花をみていると、散り急ぐことの‘めでたさ’と‘哀しみ’というふたつのちがった感情を同時につかみとってきた日本人の心と現代物理学の考え方との間になにか似かよったものを感じるのは気のせいだろうか？

やどりして春の山辺に寝たる夜は
夢のなかにも花ぞ散りなむ　（貫之）

May

5月のてがみ

世界をつくる粒子(りゅうし)たち——物質から分子へ

水色の風が、れんげ草、菜の花、そして麦畑の上にやさしい足あとをつけてとおりすぎると、野のスミレはぱっちりと目をあける。クス、シイ、カシワなど常緑樹たちは花よりも美しい若葉をまとい、ふるい葉は静かに枝をはなれる。新緑の5月は、また落葉の季節でもある。季節は光の中でおどり、影(かげ)の中にいこう。

さて、今日は‘真空’というものが、いかに私たちの身近にあるか、ということについて話をしよう。まずこの宇宙の中にあるすべての物質は〈分子〉という、とても小さな‘つぶつぶ（粒子）’からできていることを思い出そう。たとえば、空気 $1cm^3$ の中には空気をつくっている元素、すなわち酸素とチッ素の分子が1兆個の1000万倍（～ 10^{19} 個）もふくまれていて、はげしく動きまわっている！　水の場合には、さらにその1000倍の数（～ 10^{22} 個）の水分子が1 cm^3 の中にとじこめられている。このことからもわかるように、〈分子〉の大きさはとてもとても小さい。たとえば、ひとつの‘りんご’を地球の大きさくらいに、つまり１億倍に拡大したとすると、‘りんご’の中の物質を作っている〈分子〉はようやく‘りんご’の大きさくらいになる（➡ノート 12）。

すこし横みちにそれるけれども、２種類の気体や液体をいっしょにしてしばらくそのままにしておくと（たとえば、水の中に１滴の色のついたシロップをおとしてみればわかるように）いつのまにか混ざりあってしまう（拡散）のは、これらの物質が小さな粒子、つまり分子からできていて、しかもそれらがはげしく動きまわっていることの証拠なんだね。このことは色のちがった‘こんぺいとう’をひとつの器にいれてよくふってみるといつのまにか混ざりあってしまうことから容易にたしかめられる。話をもとにもどそう。私たちが通常、実験室でつくることができるもっとも‘高い’真空は1000兆分の１気圧くらいだ。この状態でも $1\ \mathrm{cm}^3$ あたりの体積の中にふくまれる分子の数はなんと３万（$\sim 3\times10^4$）個！くらい。‘超高真空’などといっても、ものすごい数の分子がふくまれているんだね。それでは宇宙空間ではどうだろう？　平均すれば、おそらく一辺が1kmの四角い大きい部屋に分子がたった１個というぐらいのものだろう、と私たち物理学者は考えている。宇宙の中の‘真空’のすさまじさ、わかってもらえたかな。宇宙全体で考えれば、宇宙はほとんど‘からっぽ’。だから、星や私たちのような‘もの’が存在することは、きわめてめずらしく奇跡的なことなんだね。

ところで、とおい銀河の姿を、私たちがみることができるのは、見方をかえれば、宇宙空間が‘からっぽ’で、光の進路をさまたげるような‘もの’がないからだ、ともいえることをつけくわえておこう。

世界をつくる粒子(りゅうし)たち――分子から原子へ

ところで、〈分子〉はまた、元素の最小単位である〈原子〉がむすびついたものだ。例をあげておこう。いま、水素原子(H)がふたつ手をつなぐと水素分子(H_2)になるが、それに酸素原子(O)ひとつが仲間にはいると水(H_2O)になってしまう！　さらに水素原子4個と炭素原子(C)2個が加わるとそれはエチルアルコールの分子(C_2H_5OH)に、そしてさらにH、O、Cとチッ素原子(N)がひとつずつ加わると、生命のもとであるα-アミノ酸の一種、‘アラニン〔$CH_3CH(NH_2)COOH$〕’になってしまう！　つまり、宇宙の中にある、ありとあらゆる物質はおよそ100種類くらいの原子たちの組み合わせによってすべてがつくられているんだね。複雑さの中にひそむ単純さ！　なんだか不思議だね！

さて、こんどは〈原子〉の中をのぞいてみることにしよう。いま、〈分子〉の大きさを‘りんご’くらいだとすると〈原子〉は小さめの‘みかん’か大きめの‘さくらんぼ’くらいの大きさだ(➡ノート13)。そこで、‘さくらんぼ’を原子だとしてその大きさをさらに10万倍に拡大したとしよう。つまり直径1kmの巨大な‘さくらんぼ’だ(➡ノート14)。するとその中心にもとの‘さくらんぼ’くらいのプラスの電気をもったかたい芯（原子核）があって、そのまわりはマイナスの電気をもった雲のようなものがうっすらとかかっていてあとは‘からっぽ’だということになる。じつはこの‘からっぽ’の空間こそ宇宙の中の‘真空’とおなじもので、この‘真空’の海におこる‘さざ波’が雲のようにひろがって、原子の大きさをきめているんだね。私たちのからだも〈原子〉でできているのだから、君のからだの中には‘宇宙の真空’が宿っていることになる！

ところで、この‘真空のさざ波’はよくみるとマイナスの電気をもった粒子のような性質をもっていて、私たちが〈電子〉とよんでいるものの‘波としての姿’なんだね。つまりこの〈電子〉は原子全体にひろがっていて、ふだんはどこにいるのかわからない。ところが、原子に別の粒子をぶつけてみるとたしかに手ごたえがあって、その力の大きさや方向などから考えてみると、それは原子核の大きさよりはるかに小さくて、1cm の 1000 兆分の 1 より小さく（$\sim 10^{-15}$cm 以下）、しかも、かたく、マイナスの電気をおびた粒子であることがわかる。つまり、〈電子〉もまた、〈波〉と〈粒子〉のふたつの顔をもっているんだね (➡ノート 15)。

それでは、今月はこれでひとまずおしまいにしよう。

５月の風は〈かざぐるま〉の中……。

June

6月のてがみ

原子から素粒子へ――原子核のなか

雨のなかでみる‘あじさい’の〈藍〉には天上の神秘がただよう。6月は青の季節。

今月は原子の中心にある〈原子核〉の世界をすこしのぞいてみることからはじめよう。

原子核はプラスの電気をもった〈陽子〉と電気をもたない〈中性子〉とよばれる2種類の粒子からできていることがわかっている。原子核の大きさは、およそ1cmの10兆分の1（～10^{-13}cm）くらいだ。じつは、原子核がプラスの電気をもっているようにみえたのは〈陽子〉の電気をみていたんだね。ここで、ふつう〈陽子〉、〈中性子〉、〈電子〉そして〈フォトン〉などを‘素粒子’とよんでいるが、これは、これらの粒子がこの世界をつくっている究極的な粒子だと考えられていたころにつけられた呼び名だということをおぼえておこう。ところで、〈陽子〉と〈中性子〉は電気をもっているかいないかをべつにすれば大きさや性質がとてもよくにている。ということは、これらの粒子たちがさらに小さくて、両方に共通な基本的な粒子の仲間からできていることを暗示している。これが、〈クォーク〉とよばれる粒子たちだ。その大きさは〈電子〉よりも小さくほとんど点に近い。そして陽子や中性子の中を自由に動きまわっているらしい。〈クォーク〉は現在６種類あると考えられていて、その中の〈u クォーク〉とよばれるもの２個と〈d クォーク〉とよばれるもの１個があつまると陽子になり、〈u クォーク〉１個と〈d クォーク〉２個があつまると中性子になると私たち物理学者は考えている。つまり陽子の〈u クォーク〉と中性子の〈d クォーク〉がいれかわると陽子と中性子はたがいに姿をかえることになる。じつは、原子核が陽子のプラス電気同士の強い反発力にもかかわらず、かたく結びついているのは陽子と中性子がめまぐるしく姿をかえているために、外から見ているとふたつの粒子の区別がつかなくなって両方の粒子がピーナッツのようにペアをつくってつながってしまうためだ。この様子をきちんと説明するには数学の力をかりなければできないが、ここではメルヘンを読んでいるつもりで想像してくれればそれでいい。さて、このイメージをもうすこし発展させると陽子と中性子の中間のところで、たがいにいれかわる〈u クォーク〉と〈d クォーク〉が重なってみえてくる！　つまり、そこにはこれらのふたつのクォークからできている‘新しい粒子’がいるようにみえる。いいかえれば、その‘新しい粒子’のキャッチボールが陽子と中性子をむすびつけていると考えることができる。この粒子は〈パイオン（パイ中間子）〉とよばれていて素粒子の仲間だ(➡ノート16)。

原子核の中のようす、なんとなくみえてきたかな？

宇宙をつくる基本粒子たち

ここで、6種類の〈クォーク〉を紹介しておこう。〈u クォーク〉、〈d クォーク〉、〈c クォーク〉、〈s クォーク〉、〈t クォーク〉そして〈b クォーク〉だ。u、d、c、s、t そして b はそれぞれ、アップ（up 上むき）、ダウン（down 下むき）、チャーム（charm 魅力）、ストレンジ（strange 奇妙）、トップまたはトゥルース（top 一番上、または truth 真実）そしてボトムまたはビューティ（bottom 一番下、または beauty 美）の頭文字からとられたものだが、とくにふかい意味はなくて、物理学者の詩心とユーモアから生まれたものなんだね。ところで、このクォークはいつも2個または3個が一組になって素粒子をつくっていると私たち物理学者は考えている(➡ノート17、第2章P.152)。

さて、さっき話したように〈クォーク〉はとても小さく、たとえば、陽子や中性子を‘りんご’の大きさくらいだとすれば〈クォーク〉は‘けしつぶ’よりもっと小さいくらいだと考えられている。しかし、陽子を標的にして、高いエネルギーをもつように加速した電子のような粒子でたたいてみるとたしかに手ごたえがあって、陽子の中には、想像をはるかにこえるほどに小さい芯——すなわち〈クォーク〉——がうごきまわっている様子がわかる。しかもクォークはかなり自由にのびちぢみするゴムひものような力で結ばれているらしい。

ところで、クォークとならんで小さいと思われている〈電子〉はそれ以上に分割することができない粒子だ。つまり、〈電子〉もクォークと同じレベルで、この宇宙をつくっている基本的な粒子だと考えられている。そして、クォークが６種類あったように、電子の仲間も６種類あって、〈電子〉のほかに、〈ミューオン〉と〈タウ粒子〉、そしてそれぞれに影（かげ）のようにくっついている３種類の〈ニュートリノ〉たちがある（**➡第２章 p.163**）。それらはまとめて〈レプトン〉とよばれている。

結局、この宇宙の中の物質をつくっている粒子たちは〈クォーク〉と〈レプトン〉だということになるが、これらは、素粒子よりもさらに基本的だという意味で、これからさき‘基本粒子’とよぶことにしよう。

ここで、〈クォーク〉からできている素粒子たちを〔〈レプトン〉にたいして〕〈ハドロン〉とよんでいることをつけ加えておこう。

６月の色。それは安息の色。現実をこえた理想の色。春と夏の間にたゆとう‘ものおもい’の色。

July

7月のてがみ

宇宙をまとめる力――強い力と電磁力

夜の海におちる天の川のほのかな輝きをながめていると、遠い銀河の星ぼしと渚から果てしなくつながる海の水がとけあって、‘私たちの銀河系’をとても身近に感じてしまうね。

いったい私たちはどこから来て、どこに行こうとしているのか？　この疑問をつきつめていくと、結局、宇宙の〈起源〉にまでさかのぼってしまう！　これまでの手紙で、この宇宙のすべては、私たちの想像力をはるかにこえるほどにちいさい〈クォーク〉と電子の仲間たち、すなわち〈レプトン〉からできていることを話した。そこで今月は、これらの基本粒子たちがどのようにしてくっつきあい、大きくなって、私たちの目にみえる世界をつくっていくのか、について考えてみよう。

6月の手紙で、粒子がおたがいに力をおよぼしあうのは、力を伝える‘新しい粒子’を交換しているからだ、ということを話したね（➡ pp.189－190）。さて、陽子や中性子の中にいる〈クォーク〉たちはゴムひものような力で結ばれていると書いた。じつは、この力を生み出しているのが〈グルーオン〉とよばれる粒子（くわしくいえば‘場の粒子’）の交換だと考えられている。原子核の中の陽子と中性子は〈パイオン〉を‘なかだち’にしてまとまっていると書いたけれど、パイオンもまたクォークからできているのだから、結局、原子核をまとめている力の原因は〈グルーオン〉だということになる。これが宇宙をまとめる第1の力で〈強い力〉とよばれているものだ。

さて、第2の力は原子核に電子をむすびつけて原子をつくっている力だ。これは原子核のプラスの電気と電子のマイナスの電気との間にはたらく電気力で、じつは光の粒子、すなわち〈フォトン〉の交換によって生じている。磁気力についても同じことがいえる。すなわち、電気や磁気の力は光の速さで空間をつたわっていく。原子核の中の力は原子核の大きさくらいのみじかい距離しか作用しないのだが、光はとおい宇宙空間を旅してくることからもわかるように、電磁気力は無限のかなたにまでおよぶことができる。距離がとおくなれば、〈フォトン〉の‘束’はしだいにひろがって弱くなるから、この力の強さは距離の2乗に反比例して小さくなっていく。この第2の力は〈電磁力〉とよばれている。

さて、原子が集まって分子をつくり、分子が集まって、私たちの目にみえるような物質をつくる力は原子同士の電子の雲が重なり合うことによってうまれるのだから（くわしくは8月の手紙で！）、すべて、この第2の力だということになる。

床に落ちたボールがはずむのも、床とボールの衝突によって、それぞれの原子が近づき、原子の表面近くにある電子のマイナス電気同士が反発するからなんだね。これは本当の話！

こんな身近なところにも素粒子の力がみえているんだね。

宇宙をまとめる力――弱い力と重力

ところで、原子核の中から〈中性子〉をひとつとりだしておくと、およそ15分くらいで〈陽子〉と〈電子〉と、それから電子の仲間である〈ニュートリノ〉に分解してしまう！**(➡ノート18)** これは〈クォーク〉からつくられている中性子、つまり〈ハドロン〉が〈レプトン〉というまったく別の種類の粒子をつくりだす反応で、物質の進化を考えるときにとても重要な力なのだが、この第3の力の原因をつくるのが〈ウィークボゾン〉という粒子の交換で、〈弱い力〉とよばれているものだ。これは原子核をまとめる力というより、それを崩壊させて新しい物質をうみだしていこうとする力で、〈強い力〉の場合と同じように原子核の大きさくらいの距離しか作用しない短距離力なんだね。

さて、第4の力とは、物質をたくさんあつめて星をつくり、星と星を結びつけ、宇宙の構造をつくるための力で〈重力〉とよばれているものだ。この力をつたえている粒子は〈グラビトン〉とよばれていて〈フォトン〉とよく似た性質をもった粒子だ。このことは、〈フォトン〉を‘なかだち’

とした電磁力の場合と同じように、とおい宇宙空間をへだてて〈重力〉が作用していることからもわかるね？　じつは、〈クォーク〉から宇宙まですべてのものをつくり、動かしている力はこの４つで全部だ。ミクロからマクロまで、この宇宙の中でおこるであろうすべてのことの原因はこのたった４つの力によって説明されるんだね。しかも、これらの力をはこんでいる粒子たち、すなわち〈グルーオン〉、〈フォトン〉、〈ウィークボゾン〉そして〈グラビトン〉は、いずれも光の仲間だ。これは、今から138億年のむかし、光から宇宙が生まれたときの‘光の化石’だといってもいい。そして、宇宙の誕生（たんじょう）とは、ある日、突如（とつじょ）として〈無もないようなところ〉から空間と時間がうまれたことなのだから（➡ノート19）、もしそのときに宇宙の構造をきめる‘壮大なシナリオ’が書かれていたとしたら、それはすべて、この力を伝達する粒子の性質の中にあると考えることもできる！　これらの粒子はまとめて、〈ゲージ粒子〉とよばれている。

ところで、力の伝達を〈粒子〉によるイメージでとらえてきたけれど、〈波〉のイメージで考えることもできる。つまり、光のときと同じように、真空の海をわたる〈粒子〉の‘さざ波’が相手のところに到達して相手に変化をあたえると、それによって‘別の波’がおくりかえされ、このふたつの波が強めあったり弱めあったりして力をおよぼしあうことになる。〈波〉のイメージをつかうと、力の作用が光の速さで伝わっていくということが理解しやすくなるね？　これが

〈場〉と〈場の粒子〉のイメージだ。

たとえば、さきほど話した重力を伝える粒子〈グラビトン〉にも波の性質があって、それが重力波として空間を伝わることがわかっている。これは相対性理論から予測されていたことで、実際に、2015年9月14日、米国、ワシントン州、ハンフォードとルイジアナ州、リビングストンに設置されているレーザー干渉重力波検出器（LIGO）によって、世界ではじめて検出された。それは、およそ13億年前に、太陽の29倍と36倍の質量を持つ二つのブラックホールが合体して、太陽3個分の質量がエネルギーとして放出されたものだと考えられているんだね。巨大な質量の変化が、周囲の空間を歪ませ、それが波として伝わってきたということだ。

それでは、これまで確認されている素粒子についてはもういちど第2章の表（p.163）をみておいてほしい。万物に質量を与えるヒッグス粒子という謎めいた粒子もある。

星の夜。浜辺できく潮騒（しおさい）は宇宙の風の音。

August

8月のてがみ

個性のなさが個性をつくる

8月の雲。その夢幻(むげん)的なまろやかな動きは、私たちの中に、やわらかい綿のような静かな想像力をめざめさせる。

さて、この宇宙の中にはおよそ1000…………（0が80個つく！）…………00000（$=10^{80}$）個の基本粒子(りゅうし)がある。この粒子たちは同じ種類のものであれば、おたがいにまったく区別がつかない完全な同等さをもっている。じつは完全に同じだからこそ、これらの粒子は結びついて原子や分子をつくり、私たちの目にみえるような物質をつくることが可能になる。いいかえれば〈個性〉をもたないために逆に〈個性〉をつくることができるんだね。この矛盾(むじゅん)とも思える不思議な性質を数学のたすけなしにきちんと説明するのはとてもむずかしいのだが、とにかくやってみよう。

いま、まったく同じ顔と性質をしていて区別のつかないふたつの粒子A、Bがすこしはなれて存在するとしよう。このとき、ふたつの粒子はまったく見分けがつかないのだから、AとBをいれかえてみても、まわりの状況(じょうきょう)は前とおなじだ。

つまり、ＡとＢのちょうど真ん中のところに、ＡとＢを結ぶ方向と直角な面をかんがえると、その面の左と右では鏡に映したときのように同じ姿、すなわち対称形をしている。そこで、粒子ＡとＢを波のイメージで考えることにすると、両方の波はその面のところでぴたりと重なり、おたがいに強めあい大きくなる。ここで、波の高いところにはエネルギーがたまっていて粒子のようにもみえるということをおもいだそう（➡３月のてがみ）。いいかえれば、この場所に、ふたつの粒子がひきよせられて重なっているとみてもよいし、でなければ、そこにエネルギーがたまっていて、そのエネルギーがふたつの粒子をひきつけていると考えてもよい。いずれにしても、ＡとＢの間には引力がはたらいているということなんだね（➡ノート20）。もし、Ａ、Ｂがそれぞれ個性をもっていて、まったく同等でなければ、それぞれの波の形はちがってくるから、面のところで重なることができなくてぼやけてしまい、ふたつの粒子をひきつけるだけのエネルギーはでてこない。つまり、個性がなく完全に同等であるということが、粒子の結合をうながし、いろいろな姿をしたものたちをつくりあげていくんだね。しかも、そのとき、同じ形をした積み木ブロックからつくられる立体の形は幾何学的な制限をうけて、でたらめな形をつくれないように、たがいに見分けがつかない粒子たちがあつまると規則正しい原子の構造や分子の結晶構造をつくってしまう（たとえば、六角形の美しい雪や霜の星！）。‘個性のないことが個性をつくる！’　なにやら逆説的な表現だが、自然には、いつもオモテとウラのような対極的な性質が同時に存在していることが多いんだね。これは、東洋の考えかたである動中静、静中動などとどこか似かよっているね？

宇宙には‘はじめ’があった

　さて、たがいにみわけがつかない完全に同じ粒子だからこそ、いろいろな物質をつくることができたという事実は、うらをかえせば、宇宙には‘はじめ’があって、しかも単純なものとして生まれ、そして時間がたつにつれて複雑な構造をつくっていったらしいということ、そして、‘はじめ’には、すべてのものが‘ひとつのもの’のなかにおなじものとしてとじ込められていたらしいということになる。今、私たちはそれをうらづける証拠をいくつかしっている！

　まず、遠い銀河からはるばる旅してくる光をよく調べてみると、ほとんどの銀河は地球から遠ざかっていて、地球からの距離が遠ければ遠いほど、その銀河が遠ざかる速さも大きい、という事実だ。たとえば、6200 万光年のかなたにある乙女座銀河団は秒速 1180km、22 億光年のかなたにある大熊座Ⅱ銀河団は秒速 41000km、つまり光速の 10 分の 1 よりも速いスピードで遠ざかっている！　これは宇宙が一様に膨張していることを意味している。たとえば等間隔にしるしをつけたゴムひもの片方を固定し、もう片方を引っ張ると、固定した端からの距離が遠い場所ほど速いスピードで遠ざかっていくのがわかる。そこで、時間を逆にたどっていくと、とおい過去のある瞬間には宇宙全体が小さな領域の中にとじこめられていたということになる（➡第1章ノート4）。それはおそらく、かぎりなく熱く、かぎりなくまばゆい小さな光の粒だったにちがいない（物質をせまい空間にとじこめるためのエネルギーが物質を加熱する！）。この宇宙が‘さくらんぼ’くらいの大きさ、すなわち1cmの時代の温度は1兆度の1兆倍くらいで、密度はといえば、1cm^3の中に地球が10………（0が50個つく！）………00個もはいるほどのすさまじさだった。しかもこの1cm^3の空間が宇宙のすべてだったのだから、その外側などというものもなく、時間でさえその1cm^3の中にとじこめられていた。膨張がすすんで温度が下がってくると、水蒸気がひえて水のしずくになるように〈ゲージ粒子〉、〈レプトン〉そして〈クォーク〉がつぎつぎに誕生していった。それらはやがて原子をつくり、星をつくり、そして私たちをつくったんだね。

　さて、この天地創造はいまからおよそ138億年前の出来事なのだが、そのときの、かぎりなくまばゆい光の〈残り火〉を、いま私たちは空のあらゆる方向からとんでくる宇宙電波としてとらえている（➡第1章、p.16）。

　物理学者……それは青空の中でみえない無限にすきとおった糸をあつめて宇宙の織物をつくろうとしている小さな小鳥のような存在。

明日の朝、朝顔のみずみずしい花にあえますように。よい夢を！

September

9月のてがみ

宇宙をひとまとめにして考える

風の中にだれかがいる。風をみる、そして風をきくための美しい季節になったね。目にはみえないけれど、風は木の葉をゆるがせ、窓辺でうたう。それは幼いころに聞いたあのやさしい‘ゆりかごのうた’。あるいは遠いむかし、晩夏の午後に聞いたあの海の潮騒(しおさい)のおと。

さて、7月にまとめておいたように、この宇宙は、6つの〈クォーク〉と、6つの〈レプトン〉、それに6つの、力を伝える〈ゲージ粒子〉からできている。ところで、原子から原子核(げんしかく)へ、そして陽子、中性子と、この世界をつくるものを細かく分割してきた歴史をふりかえってみると、はたしてこれらの粒子(りゅうし)たちを最後の究極的な粒子あるいは物質であると考えてよいのかどうか、一瞬(いっしゅん)ためらってしまう。事実、高いエネルギーをもった粒子で原子核や陽子をたたくと、エネルギーが物質に化けていくらでも新しい粒子をつくりだしてしまう（**➡ノート21**）。そこで、ひとつの新しい考え方がうまれる。すなわち、もし真空がすべてのものを生みだす‘みなもと’であるとするならば、この宇宙の中のすべての‘できごと’は真空の海に起こる小さな渦（うず）のようなもので、その中から、たとえば理屈にあうような形のイメージとしてひろいあげたのが、さまざまな〈粒子たち〉の姿なのだと考えるんだね。そして、どこまでも分割できるということは、逆に考えれば、宇宙は本来、分割することのできないひとつの‘全体’としてとらえるべきもので、そうすることによって、より単純に、しかもエレガントに宇宙を理解できるとする考えだ。ここでは光や電子たちがかいまみせる〈波〉と〈粒子〉というふたつの顔や、粒子の交換（こうかん）によって力をつくりだすときの‘からくり’など、すべてが真空の海におこる〈場の振動〉のいくつかの側面として理解される。２月の手紙で書いたように‘事実は観測によってつくられる’わけだから、実験をすればするほど、あたらしいものが際限なく発見されてしまう。そこで、このどうどうめぐりからぬけだすために全体をひとつのものと考えて、その中にみえかくれするいろいろな現象をおたがいの関係において整理して理解しようというわけだ。これは、音がつぎからつぎへとつながってつくられる音楽の中から、音をひとつ、ひとつ、べつべつにとりだして調べてみても音楽全体のイメージがつかめない状況（じょうきょう）とにているし、また、俳句の中のひとつの単語がもつ意味は、いつも辞書にかかれているような意味でつかわれているとはかぎらなくて、それは俳句全体とのかかわりの中で理解しなければならない状況ともにている！　このように、全体をこまかく分割するのではなくて、全体とのかかわりにおいて理解していこう、という世界観は、じつは現代物理学のふたつの大きな柱である‘相対性理論’と‘量子論’とよばれる理論から自然にみちびかれるものでもあるんだね。

コッホ曲線(*)

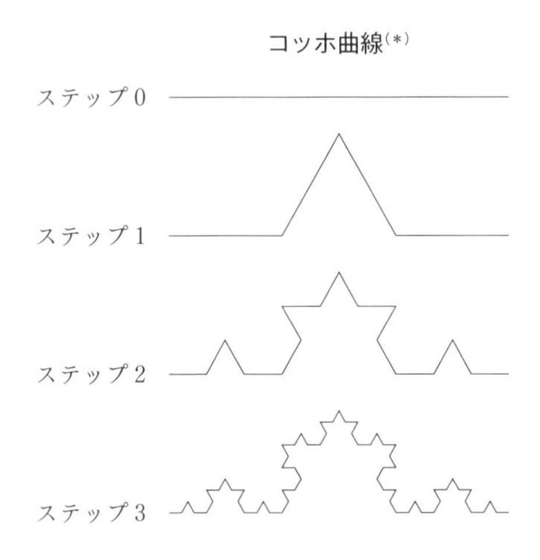

部分は全体であり全体は部分だ

１月の手紙で話したように、私たちが見ている‘もの’の姿はいつも過去の姿だ。それは、‘もの’をでた光が私たちの目にはいるまでには必ず時間がかかっているからだね。なぜなら、この世の中にあるもののなかでもっとも速く走れるという光であっても、そのスピードは有限の大きさだからだ。そこで、たとえば君が〈いま〉見ている、と思っている‘も

このイラストは、本書の第３章のもとになった拙著、「宇宙・素粒子・わたしたち」のために、当時、勢いのあるペン画家として活躍されていた今は亡き三嶋典東氏が描いたもので、私の誕生日プレゼントとしていただいたものです。著者の佐治（私）が「匙」の中に同化しながらビッグバンから地球・生命までを体験する模様を表現したものです。左端に立つ人物は、著者が愛してやまないＦ・シューベルトが重ねてイメージされた立像です。

治晴夫 讃江

のためのイラストレーション 三嶋典東 31 JUNUARY 1986

の’が〈どこに〉あるかによって、〈いつの〉姿を見ていたのか、まちまちになってしまう。つまり、時間と空間の関係を別々にわけて考えることはできなくて、たがいに両方がまざりあい、一体となったもの、すなわち〈時空〉として考えなくてはだめだ、ということなんだね。さらに、３月の手紙で書いたように、空間の‘ひずみ’、すなわちエネルギーがたまったところは、あたかも粒子のようにふるまい、物質に姿をかえると考えてもよいのだから、物質やエネルギーなど宇宙の中にあるものすべてを〈時空〉の‘かたち’や‘ねじれ’、いいかえれば〈時空の幾何学的性質〉の中にくりこんで、それだけで世界全体を語ることができる。これが、相対性理論の発想だ。

一方では、２月と５月に話したように、〈波〉と〈粒子〉の問題は、それを‘みる’ときにどのような方法によって見るかによって、どちらかの顔をのぞかせるということだった。いいかえれば、〈みるもの〉と〈みられるもの〉はたがいに影響をおよぼしあっているということだから、両方ひとまとめにして全体として考えていかなければならないということなんだね。さらに、この宇宙の中でくりひろげられるすべての‘できごと’は真空というただひとつの‘舞台’の上をとおりすぎてゆく風の波のようなもので、おたがいが全体としてからみあい、にじみあって（浸透）いる。つまり、部分が全体をつくり、全体が部分を作っている！　これらはいずれも量子論の世界観なのだけれども、それに加えて、この宇宙はただひとつの〈点〉のようなものから生まれたということを考え合わせてみると、――やや極端（きょくたん）ないいかたではあるが――宇宙はもともと分割できないものなのであって、‘一なる全体’として考えるべきなのかもしれない。はじめの手紙で、ふと‘私たちは星のかけら……’とつぶやいてみたのは、そんな気持ちからだったのかもしれない。

　風。それは宇宙の息づき。だから風の音は心の憩（いこ）い。それでは、このつぎの手紙を楽しみに……。

（＊）コッホ曲線

　長さ１の線分を３等分した線分を４個つないで〈ステップ1〉の形をつくる。つぎに、〈ステップ1〉でつくられた長さ1/3の線分についても同様の操作をする〈ステップ2〉。以下、同様の操作を繰り返してできる曲線を「コッホ曲線」といい、その特徴は、全体の形が、それと同じ形（相似形）の部分からできている｛部分の中に全体が反映されている｝ことで、この性質を「フラクタル」という。

　ちなみに、「コッホ曲線」の長さは、〈ステップ0〉では1、〈ステップ1〉では$(1/3)\times 4=4/3=1.33...$、〈ステップ2〉では、$(1/9)\times 16=(4/3)^2=1.77...$、〈ステップ3〉では、$(4/3)^3=2.37...$、となり、ステップを重ねるごとに無限大に近づく。「コッホ曲線」は、両端の長さが１であるにもかかわらず、無限の長さをもつ不思議な図形である。さらに、図形が、その全体を$1/a$に縮小した相似図形、$a^D(=b)$個によって構成される場合、Dが、その図形の次元になることから、コッホ曲線の場合は、$3^D=4$となり、ここから$D=\log 4/\log 3=1.2618...$、１次元の線図形であるようにも見えるが、実は、非整数次元をもつ不思議な図形であることがわかる。

X 1000 R/MIN
0
1
2
3
4
5
6
7
8
200
220
240
260
P 8:16
-20°C

October

10月のてがみ

時——この過ぎ去りゆくもの

あらゆる風に語りかけ、星をいただく10月の木には、いきいきとはなやぐ力と、人の心を憩(いこ)わせる‘ゆりかご’のやさしさがある。

いつも今ごろになると、池の岸辺の樹木に‘ゆりかご’をつって風と雲の対話に心をゆだねていたころのことを想い出す。ただひたすらに大空にあこがれるようにさしのべられた‘もみじのような手’も今は大きくなってしまったね。時は確実に流れ、人は成長する。光の小さい芽から生まれたこの宇宙もまた、空間と時間の輪をひろげながら大きく成長した。

さて、私たちに生きていることの‘あかし’をあたえ、そのほかのすべてのものには実在していることの‘あかし’をあたえるのは‘時の流れ’だ。時が過ぎてゆく、という感覚は、よく川の流れや、空を飛ぶものにたとえられる。たとえば、静かな小川のたたずまいは、いつもかわることなく平和な風景だが、いま流れている水は再びそこを流れることはない。時もまた、つぎからつぎに現われる出来事からなる川のようなもので、その流れは強く、何事も現われるやいなや掃き去られてしまう。しかも掃き去られてもなおそれは過ぎ去ってゆく。あるいは、飛び去り、けっしてもどることのない矢のようなものでもある。未来を今に移し変え、今を過去へと押し流す‘時’。そして、過去と未来がであうところに、長さをまったく感じさせない神秘的な、またたくまに過ぎ去る‘現在——今——’がある！

過去はすでに過ぎ去ったものであり、未来はいまだ訪れて来ないものなのだから、そのどちらでもない‘現在’こそが、私たちが世界とかかわりを直接にもつことができる唯一の瞬間で、しかも私たちの自由意志で未来とかかわることができる唯一のもの、‘現在’にはそんな実在感がある。いいかえれば、‘現在’とはいまだ来ない（潜在的な未来の）状態がたえず現実となり、しかもそれを凍った過去へと残し去っていく‘波の頂き’のようなものなんだね。だから、いつの時代でも思想家たちは、この‘現在’という‘すさまじい瞬間’に大きな意味をあたえようとしてきたんだ。

さて、時間は私たちの日常生活とあまりにも密着しているために、かえってその本質がみえにくくなっている。誰もが時間が過ぎ去っていくことなど‘あたりまえのこと’だと思っていて疑問にすることさえ忘れている。ところが、‘なぜ？’と問いかけた瞬間、この‘あたりまえのこと’について私たちはどう答えたらよいのか途方にくれてしまう。時間というものは、わかっていて、わからないものらしい！

(➡ノート22)

ところで、時間とはほんとうに過ぎ去っていくものなのだろうか？　もしそうだとしたらその速度は……？　そして、その時の気分によって時間の経過をはやく感じたり、おそく感じたりするのはなぜだろう？

時は幻想(げんそう)——流れることをしないもの

いま、糸の端(はし)に小さな錘(おもり)をつけて‘振り子’をつくり静かに左右に振らせてみよう。もし糸の摩擦(まさつ)や空気の抵抗がなければ永久に同じ振幅(しんぷく)で動きつづける。この様子を映画にとって映写するとしよう。フィルムを正逆いずれの向きにまわしてもスクリーンには同じ光景が映しだされるはずだ。フィルムを逆にまわして映写するということは時間を未来から過去におくっていることだ。つまり、振り子の運動には時間の方向がなく、そこには過去と未来の区別はないんだね〔しかし現実の振り子では摩擦や抵抗のためにエネルギーが失われ、いつかは止まってしまうから過去と未来の区別がついていることに注意（➡ノート23)〕。今度は花粉を水の上に浮(う)かべて、花粉からはじきだされる微粒子(びりゅうし)の動きを顕微鏡(けんびきょう)で調べるとしよう。水の分子運動におされて、この微粒子は‘でたらめな動き（ブラウン運動)’をするが、それをふたたび映画にとって映したとすると、この場合も過去と未来の区別はつかない。一般(いっぱん)に、物体の運動を調べる物理学の分野である‘力学’の世界では時間のすすむ方向はきまっていない！　いいかえれば、時は流れ去ることをしないんだね。おどろくべきことなのだが、‘できごと’が時間とともに変化しているようにみえるのは、‘できごと’自身が時間の経過の中で起こっているのではなく、‘できごと’の変化がつらなって存在しているにすぎないんだね。例をあげておこう。〔朝、8時に学校に行って、8時40分に授業が始まり、12時20分から昼休みになる〕というのは、たんに学校にいるという状態や授業を受けたり、お弁当をたべているという状態が存在して変化しているのであって、いろいろな‘できごと’が時間の中から生まれでてくるわけではない。

さて、映画の話にもどって、今度は、人が歩いている場面を映画にして逆にまわしたとすれば、誰がみてもその異常さに気がつくはずだ。音楽や言葉を録音したテープを逆に回して再生したときにも同じようなことがおこる。つまり、私たち人間がかかわったとたんに、過去と未来の区別ができてしまう！　これは、人間には‘記憶する’という知覚能力があって、未来のことは記憶していて思い出すことはできないが、過去のことは思い出すことができるという‘えこひいき’によって、過去から未来への時の流れを感じているということだ。だから、時の流れは人間の幻想だということになる！　これは、体を動かさなくても、たとえば‘めまい’の状態では空中に浮いたり、回転したりしているような気分になってしまうのとにている。

時の流れをつくっているのは、なんと私たち自身なんだね！

10月の林のおくでオーボエがなっている。それは、まひるにきく星の音の余韻。

November

11月のてがみ

過去と未来をつくるもの——時間の矢

初冬の森がもえている。1輪の冬バラが最後の香気をたたえている。落ち葉をたく煙は渦をえがきながら空の高みへと吸い込まれてゆく。冬の森でみかけるこの風景は、時間を考えるうえで私たちに重大なことをおしえてくれる。

いま、煙の分子や空気の分子（きちんといえば酸素やチッ素、そして炭素や水の分子など）がみえるくらいの倍率をもつズームレンズで煙の動きをこまかく観察したとしよう。たがいにぶつかりあい、とんだりはねたりはげしく動きまわっている分子たちの姿がみえるはずだ。そこで、この光景をまた映画にとって、フィルムを逆にまわしてみよう。そこでは時間が逆転しているにもかかわらず前と同じような光景がみえるはずだ。この世界では10月の手紙で話した振り子や微粒子のブラウン運動の場合と同じように過去と未来の区別がなく、時間はどちらの方向にでも自由に流れている。つまり、時間のすすみ方は〈可逆的〉なんだね。

さて、煙の話にもどって、こんどは、ズームレンズの倍率を小さくして、煙全体が画面の中にはいるようにしてみよう。ゆっくりと美しい曲線と渦（うず）をえがきながら煙が空に向かってたちのぼるのがみられる。そこで、この光景をうつした映画を逆にまわすと、それを見た誰（だれ）もがその不自然さに気がつくはずだ。そこでは、あきらかに時間の流れる方向がきまっていて、過去と未来の方向が区別されている。いったいこのちがいはどこからきたのだろう？

さて、今度は、ひろい部屋の片すみに君がすわっていて、その反対側の片すみで私が手にもった香水のびんのふたをしずかにあけたとしよう。私の手もとからたちのぼるかぐわしいかおりは、部屋の中にひろがっていく。そしてしばらくの後、君は声をあげるにちがいない。「あ、なんて素晴らしいかおり！」そして、部屋の窓もドアもぴったり閉めて香水の分子が外に逃げないようにしていたとしても、部屋の中にひろがった香水がふたたびもとのびんの中にかえることはない。つまり、この場合にも時間がすすむ方向がはっきりきまっていて〈非可逆的〉、いいかえれば過去と未来の区別がついている。これは香水の粒子が、びんの中に閉じ込められている確率よりも、部屋全体に拡がっている確率のほうが大きいことから生じる現象で、この問題は哲学もふくめてとても難しい課題だが、こんな情景の中に時間がもっている不思議な性質をかいまみるための小さな鍵（かぎ）がかくされている！

もどる時間ともどらない時間

まず、原子、分子のようなとても小さな世界（ミクロ世界）には、過去、未来の区別はないが、それらがたくさんあつまって私たちがふだん目に見えるような大きい世界（マクロ世界）になると時間の方向性、つまり‘時間の矢’がめばえる。いいかえれば、ミクロ世界の知識をすてさることが、‘時間の矢’を生み出すことになるんだね。

つぎに、〈ミクロ世界〉、たとえば分子の動きの中の時間は〈可逆的〉だが、分子全体でならした〈マクロ世界〉では‘秩序をもった状態（びんの中の香水）’から‘秩序をうしなった状態（部屋いっぱいにひろがった香水）’になるように、現象は〈非可逆的〉にすすんでいく。これは机の上をきちんと整理しておいても、時間がたつにつれてどんどん乱雑になっていくのとにているね？　このとき、机の上の写真を何日かおきにとっておいて、あとから机の上の乱雑さをくらべてみれば、その写真がとられた日付の順序にならべることはかんたんだ。〈秩序〉から〈無秩序〉への変化が時間の方向をおしえてくれる（➡ノート24）。ここで、私たちが過去と未来を区別できるのは、‘記憶（きおく）’ということにかかわっていることを思い出そう。つまり、私たち人間は〈マクロ世界〉しかみることができなくて、しかも記憶するという能力をもっているからこそ、‘過ぎ去る時間をつくりだし感じている’ということだ！（くわしくは拙著『14歳のための時間論』（春秋社）を参照）

ところで、私たち人間が感じている〈時間〉の流れの方向を最初にきめたのは、宇宙の〈はじめ〉にあった〈原初の秩序〉だった。宇宙の一様な膨張や、規則正しい星の動きなど、すべてその名残だ。宇宙はこの〈秩序〉をたべながら〈無秩序〉への進化をつづけているんだね。

さて、光が波にみえたり粒子にみえたりするのは、それをみるための実験の方法によるということ（➡ pp.173-176)、おぼえているかな？　ところで、実験の方法をきめるのは人間の意志なのだから、このことはうらをかえせば、私たちの心が、いまだみえない未来の結果について影響をあたえているともいえる！　つまり、〈時間〉は、私たちと無関係に流れているのではなく、私たちの心と深くかかわっている！　ということなんだね。このようにして、〈時間〉をつくり‘今’を生みだしているのは、ほかならぬ**君自身**なのだから、一瞬一瞬をいかに大切に生きるかによって、同じ10年間でも‘ほんとう’は１年しか生きなかったことにもなるし、また20年以上の人生をおくることもできる！

‘生きる’とは、時間をつくりだすいとなみだともいえる。

耳をすますと、窓の外でさやさやと木をはなれて落下する落ち葉の音がする。それは散りゆく悲しみの音でなく、きたるべき春の芽を待つやさしい音だ。まもなくオリオンの季節だね。

おやすみなさい。

December

12月のてがみ

宇宙の調和が私たちをつくった

庭の片すみに競い会うようにたった霜柱。結晶のひとつひとつが光をはじきあって朝日に輝いている。指でふれただけでくずれてしまう‘もろさ’ゆえによけいに美しいのだろうか。霜柱は土の中の水分が凍ってできるのだという。それを十分にしっていてもなお、一夜のうちに生まれることの不思議さには心をうたれる。

ところで、なぜ世界はこのようになっているのだろう？この疑問はそのまま、なぜ私たちはこのように存在するのだろう？　という根源的な問いにつながる。美しく蒼く、そしてみずみずしい私たちの星、地球！　私たちが住む世界はまったく特別な場所だ。それは精巧な構造と複雑な作用でみちみちているが、結局、7月の手紙で書いた〈宇宙をまとめる4つの力〉のおどろくべき調和がつくりだしたものなんだね。そして地球上の生命の発生は、それらの力が偶然の天秤の上でいかに絶妙なつり合いをたもっていたかにかかっている。

そこで私たちが生き残るために、なくてはならないいくつかの条件をあげてみることからはじめよう。まず、第１に私たち生命体をつくる物質、すなわち炭素、水素、酸素、ごくわずかのカルシウムや燐などがたくさんあること。第２にこれらの元素からほかの惑星にみられるような有毒ガス、すなわちメタンやアンモニアなどがつくられないこと。第３に私たちの体の中で化学反応が正しい速さですすむような温度があること。第４に地球にふりそそぐエネルギーが安定でゆらがないこと。そして、第５は地球の重力が大気をひきとめるのに十分なほど強く、私たちが自由に動けるほど十分に弱いこと。それに加えて宇宙からふりそそぐ放射線を吸収してくれる大気の上の方にあるオゾン層や、星からとんでくる高エネルギー粒子をつかまえて地表面をまもっている地磁気など、かぞえあげればきりがない。これらはいずれも４つの力のおどろくべきバランスから生み出されているんだね。たとえば、生命体をつくる物質を生み出したのは星の中の原子核反応であり、星は〈重力〉から、そして原子核反応には〈強〉、〈弱〉ふたつの力がかかわっている。しかも生命をはぐくむための、ゆっくりと安定したエネルギーを私たちに供給してくれるには、ゆっくりと燃える太陽が必要であり、それには上の３つの力の微妙なバランスがかかわっている。生命のいとなみをすすめる化学反応は原子の間にはたらく〈電磁力〉が、そして生命のもとになる液体のかたちをした水を存在させているものは、太陽のほどよい大きさと地球からのほどよい距離がつくりだす適当な温度条件なんだね。

宇宙進化の‘あかし’としての私たち

それでは順をおって、考えてみよう。〈重力〉は４つの力の中でもいちばん弱い力だ。しかし、それは宇宙にただよっている星間物質をよせあつめて星をつくり、宇宙の大きい構造をつくる力だ。弱いといっても物質が集まれば集まるほど雪だるまのように大きくなる。たとえば地球と月との間の重力は、地球表面にある海水のうち、およそ195兆トンの水を１日に２回も動かすくらいに大きい（➡ノート25）。ところで重力の大きさが現在の値よりも小さかったとしたら、太陽は自分の体重で十分にちぢむことができず、内部の温度を十分に上げることができない。すると、原子核(げんしかく)反応もゆるやかで放射できるエネルギーがすくなくなるから、結局、地球は凍(こお)ってしまう。逆に重力が大きかったら、太陽の温度が上がりすぎて、しかもすぐに燃えつきてしまうので、いずれにしても生命はめばえない。

つぎに〈強い力〉はどうだろう？　もし現在の大きさより大きくても小さくても原子核は存在しない。なぜなら原子核はその中の陽子と中性子を結びつけている〈強い力〉と陽子同士のプラス電気の反発力（電磁力）がつりあってできているからだ。このバランスがくずれれば、生命の‘みなもと’になる物質はできなくなってしまう。

さてつぎは〈弱い力〉。７月に書いたように、〈弱い力〉は中性子から陽子を作り出す力だ。この力は宇宙誕生(たんじょう)の直後

(膨張開始後およそ1秒！)、中性子の数よりも陽子の数を多くするのにつかわれた。ところでこの世界の中でいちばん軽い元素である水素の原子核は陽子、つぎに軽いヘリウムの原子核は陽子と中性子それぞれ2個ずつでできている。だから陽子と中性子の数が同じであれば、すべてヘリウムになってしまって水素がないから、結局、水ができなくなる。つまり〈弱い力〉は生命の存在とかかわっている。さらに星の中では3個のヘリウムから炭素がつくられる。この炭素を星の爆発というかたちで宇宙にばらまき、それを惑星がとりこんで生命をつくるのだが、この爆発の原因となるのは〈弱い力〉とかかわっている〈ニュートリノ〉たちの莫大なエネルギーの流れなんだね(➡ノート26)。

そして〈電磁力〉。これはまえに話したように化学変化としての生命を進化させ、はぐくむ力だ。こうして考えてみると、宇宙をつくるものすべてがうまく調和して‘私たちが存在している’ことがわかる！　言葉をかえれば、私たちは宇宙のたんなる傍観者ではなく、宇宙の進化そのものであり、宇宙の本質的な要素なんだね。だから、君も私も‘星のかけら！’もとはみんな同じだった。そして、この広大な宇宙の中で、地球というみずみずしい小さな星の舟をえらび、同じ時代に乗り合わせた。このおどろくべき偶然の不可思議さを素直に受けとめ、そのことの中に〈やさしさ〉の原点をみつけていきたいな、とおもっているのだが、君はどう思う？

むすびにかえて

またたく間に１年がすぎてしまった。ペンをもつと、書きたいことがつぎからつぎへとわきあがってきて私をひどく悩ませた。そのため、積み残した話題は巻末に‘ノート’としてまとめておいたので、いつの日にか目をとおしておいてほしい。

この宇宙が光から生まれたとき、光のしずくがつくった最初の元素は水素原子だった。それは広大な雲のように宇宙の中に渦巻いていた。ときおり、雲の中の原子は重力によってたがいに引き寄せられ、時間がたつうちに雲は収縮して気体の球になった。球の中心近くは圧縮されて温度があがり、ついに数百万度になると原子核が勢いよく燃え上がった。こうしてはじめての星が誕生した。星の内部で進行する原子核反応は水素を原料として他のあらゆる元素をつくりだした。この核反応をつづけていくための原子核が燃えつきたとき、星はバランスを失って爆発し、自分の中でつくった元素を宇宙にばらまいた。超新星爆発とよばれる星の最後だ。このばらまかれた物質がふたたび重力で凝縮したとき、太陽が、そして地球が誕生した。地球はさらに私たちをつくった。つまり最初の星が一生を終えたとき、その‘星のかけら’からうまれたのが私たちだということになる！　いいかえれば、私たちの体をつくっているすべての物質は宇宙の初期に星の中でつくられたものなんだね。平均的な星の一生はおよそ100億年、それにくらべれば、私たちの一生は、ほんの一瞬かもしれない。生きている星の‘ひとまたたき’にも満たないかもしれない。しかし、私たちの体には、この宇宙138億年の歴史がたしかに刻み込まれている。そして宇宙の未来にたいして大きくかかわっている。つまり、私たちの一生は宇宙進化の中のひとつの‘すがた’であり、どこかで〈永遠〉なるものとつながっていると考えてもいいのかもしれない。

宇宙はなぜあるのか？　もしだれかがそう問いかけたら、私はためらわずにこう答えるだろう。〔それは私たちが存在しているからです。なぜなら、この宇宙は自分の一部として私たちをつくりだすように自分自身を進化させ、かたちづくってきたのですから。そう、だからあなた自身の存在が宇宙を‘いま、あるように’存在させているのです!! **(➡ノート27)**〕と。

今年ものこりすくなくなった。年の瀬にはいっしょに除夜（じょや）の鐘（かね）がきけるといいね。できれば、私たちの願いをこめて、109つ目の鐘！をつこう。

‘去年のオーバーはもう小さすぎる。ソナチネからソナタへ……’そんな君にあえる日を心から待ちのぞみながらペンをおくことにしよう。

星の小さなふうりんが、かすかになっている。

では、すてきな夢を！　ごきげんよう。

Postscript

あとがき

今から2200年ほど昔、中国で書かれた思想書『淮南子（えなんじ）』には、宇宙の「宇」とは“四方上下”、すなわち空間、「宙」とは“往古来今”、すなわち時間であると書かれています。つまり、宇宙とは、空間と時間をひっくるめた総称なのです。ところで、私たち人間が、今ここに存在して生きているということは、身体で、空間の一部を占有して、時間の海を泳いでいる状況であるともいえます。つまり、極端な言い方をすれば、私たち自身が宇宙そのものであるといってもよさそうですね。それはさておき、宇宙、すなわち、空間と時間について考える学問分野の代表が物理学です。そして現代の物理学を支える二本の大きな柱が、相対性理論と量子論です。

本書は、もともと、文芸系大学の一般教養の「天文学」と「物理学」の授業を相対性理論と量子論にテーマをしぼって行ったときのメモ書きから生まれた三冊の本、『宇宙・不思議ないれもの』（1982年）、『素粒子・この小さな宇宙』（1983年）、『宇宙・素粒子・わたしたち』（1986年）（いずれも“ほるぷ出版”）を、それぞれ、第1章、第2章、第3章として、内容の一部を最新のデーターに書き換えながら一冊の合本にしたものです。それぞれの章は、一年間を通して行った実際の授業の内容にそっています。つまり、三年分の授業をまとめたものです。

今、あらためて読み返してみると、未熟さが目立って気恥ずかしい部分もありますが、かつての受講生からの強い要望もあり、合本での出版の運びになりました。自然科学書というより、宇宙から素粒子、そして人間に至る物語として、気軽に読んでいただければ十分です。本文は、教科書としての厳密さよりも、物語性を重視しましたので、さらなるきちんとした理解のための参考として巻末にノートをつけてあります。しかし、これは、あくまでも参考にということですから、気にしないで必要に応じて、目を通していただければ、それで十分です。そして、広大無辺な宇宙が、すこしでも身近に感じられて、そこから、生きるための道しるべをみつけていただけたら、こんなにうれしいことはありません。

最後に、合本に際し、巻末ノートの整理、図版なども含めて、ひとかたならぬお世話をいただいた春秋社の小林公二氏に心から御礼申し上げます。

2016 年初夏、
丘のまち・美宙天文台 MISORA にて

佐治晴夫

★

かつて14歳だったみなさんへの

参考ノート

第1章　宇宙・不思議ないれもの

ノート1　オルバースのパラドックス

明るさ（光度）P の光源が、単位体積あたり（数密度）η 個で分布していると仮定し、地球を中心に半径 r、厚さ dr の球殻を考えてみると、その中にある光源の数 dN は

$$dN=\eta \cdot 4\pi r^2 dr$$

であり、一方、明るさ P の光源から距離 r の地点の明るさ S は

$$S=P/r^2$$

である。ゆえに、地球にふりそそぐ光の強さ dI は

$$dI=SdN=\eta \cdot 4\pi P dr$$

となる。$0 \leqq r \leqq R$ の球殻からの光をあわせると、全強度は

$$I=4\pi\eta \cdot PR$$

$R \to \infty$ では $I \to \infty$ となる。すなわち宇宙が無限だとすれば、夜は無限に明るくなる。実際には、星が、さらに遠くからの光をさえぎる効果もあるので、光の強度は全天にびっしり太陽が輝いている程度になるだろう。

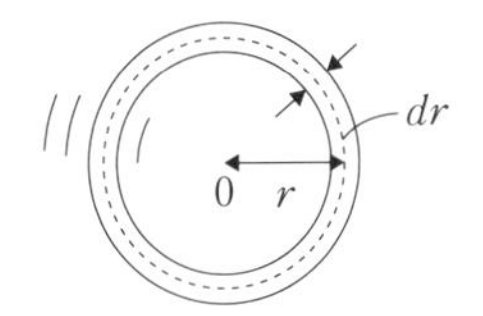

ノート2　ドップラー効果

サイレンをならしながら近づいてくる自動車が通りすぎると、サイレンの音が急に低くなって聞こえる。これは観測者から遠ざかる物体から発せられた波動のみかけ上の波長が、大きい（振動数の小さい）方にずれるからで‘ドップラー効果’とよばれる。光も波動の性質をもっているので、遠ざかる星から発せられる光の波長は大きく（振動数は小さく）なるが、光のエネルギーは波長に反比例（振動数に比例）するので、波長が大きく（振動数が小さく）なれば、エネルギーは小さくなる。もうすこし定量的にあつかって

みよう。

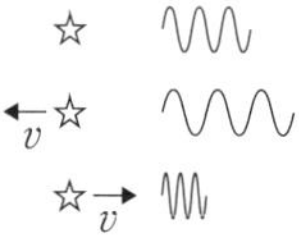

$$\lambda'/\lambda = \begin{cases} 1 \\ 1+v/c \\ 1-v/c \end{cases}$$

光源が t 秒ごとに１つずつ波を放射しながら、速度 v で観測者から遠ざかっているとする。t 秒間に光源が動く距離は vt、したがってその波が観測者に到達するのに要する時間は、光速を c とすれば、vt/c 秒だけ多くなる。観測者のところに波が到達する時間間隔を t' とすれば、

$$t' = t + \frac{vt}{c}$$

光が放射されたときの光の波長 λ は、周期を t として

$$\lambda = ct$$

であり、光が到達するときの波長 λ' は、周期を t' として

$$\lambda' = ct'$$

であるから、これらの波長の比は

$$\lambda'/\lambda = t'/t = 1 + \frac{v}{c}$$

となる。もし光源が近づいている場合には、v を $-v$ でおきかえればよい。

たとえば‘かんむり座銀河団’から旅してくる光を調べると、正規の波長より7%大きく赤い方へずれている。つまり、

$$\lambda'/\lambda = 1.07 = 1 + \frac{v}{300000\text{km}/\text{秒}}$$

から後退速度 $v = 21000$km／秒がえられる。

ノート３　光年

‘光年’とは、光が１年間に進む距離を単位として計った空間の尺度である。

光速は30万km／秒、１年間は60秒×60×24×365で31536000秒であるから、

１光年＝9460800000000km

$\fallingdotseq 9.46 \times 10^{12}$km

したがって

138億光年＝1305400000000000000000000km

＝1305 垓 4000 京 km

$\fallingdotseq 1.3 \times 10^{23}$km

$= 1.3 \times 10^{26}$m

M31までの距離（230万光年）は2×10^{19}km、宇宙の果てまでの距離（138億光年）は1.3×10^{23}kmとなる。

ノート4　宇宙の大きさと年齢

銀河が遠ざかっていく速度（後退速度）vと、その銀河までの距離dとの間の比例定数は‘ハッブル定数’H_0であたえられていて、その値はおよそ

H_0＝70（km／秒）／326万光年（＝1ＭＰc（メガパーセク））

である。H_0が一定であると仮定すれば、宇宙の地平線までの距離Dはc/H_0であたえられ、宇宙が膨張を開始してから今までに経過した時間（ハッブル時間）は$1/H_0$であたえられる。

ところで、宇宙がこれから先、膨張を続けるのか、それともある時点で収縮に転ずるかは、宇宙の平均密度や最近話題になっている暗黒物質（ダークマター）や暗黒エネルギー（ダークエネルギー）などに依存する。平均密度だけに着目すれば宇宙の中に散らばっている物質の密度が、1m³あたり水素原子3個程度より小さければ膨張を続けるだろうし、それよりも大きければ、いつの日か収縮しはじめることになる。この平均密度については、現在のところまだ確定していない。

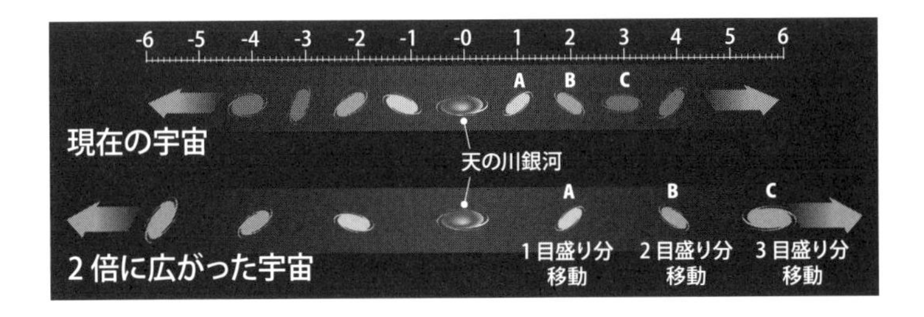

ノート５　マイケルソン・モーリーの実験

光源Ｌからでた光は、半透明のガラスの表面Ｏで鏡Ｉの方向—光Ｉと、鏡IIの方向—光IIに分けられ、それぞれ反射して同じ距離だけ進んでレンズＣに戻ってくる。光Ｉと光IIとの間に、時間差があれば干渉縞となって検出される。さて、$\overline{OA}$、$\overline{OB}$ の距離をひとしく l、光速度を c、地球の公転速度を v とすれば、東西方向の光の所要時間 T_{E-W} は、

$$T_{E-W}=\frac{l}{c-v}+\frac{l}{c+v}=\frac{2l}{c}\Bigg/\left(1-\frac{v^2}{c^2}\right)$$

南北方向の光の所要時間 t_{N-S} は

$$t_{N-S}=\frac{2l}{c}\Bigg/\sqrt{1-\frac{v^2}{c^2}}$$

となり、$T_{E-W}>t_{N-S}$ になるはずであるが、実際には時間差を見出すことはできなかった。ということは、T_{E-W} と t_{N-S} とでは時間の単位のとり方が、

$$1\Bigg/\sqrt{1-\frac{v^2}{c^2}}$$

だけ違っているということ、いいかえれば、運動している方向の時間の進み方が、運動方向に直角な方向の時間の進み方よりも

$$1\Bigg/\sqrt{1-\frac{v^2}{c^2}}$$

倍だけおそいと考えるか、あるいは、運動方向の長さが

$$\sqrt{1-\frac{v^2}{c^2}}$$

倍だけちぢんだと考えるしかない。この‘ちぢみ’は、オランダの物理学者H. A. ローレンツと、イギリスの物理学者G. F. フィッツジェラルドが各々独立に提唱したもので、‘ローレンツ・フィッツジェラルド収縮’とよばれている。（ノート７参照）

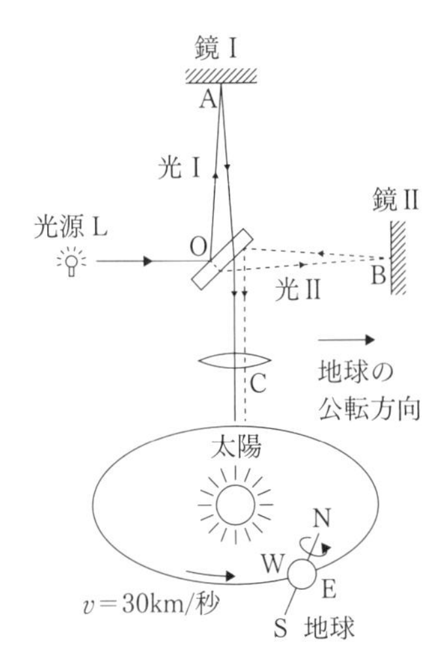

ノート6　加速度と重力

一定速度 v_0 で上昇しているエレベーターの中で、エレベーターの床から h の高さより石を落とす実験をしたとしよう。まず、石が落とされた瞬間のエレベーターの床が地上から h_0 の高さにあったとする。地上に固定した座標系を (x, y)、エレベーターに固定した座標系を (x', y') として地上に対する石の運動を考えよう。

運動方程式は y 軸だけを考えて

$$m\frac{d^2y}{dt^2}=-mg \cdots\cdots ①$$

m は石の質量、g は重力加速度。初期条件は $t=0$ で $y=h+h_0$、$v=v_0$ であるから①を積分すれば、

$$y=h+h_0+v_0t-\frac{1}{2}gt^2 \cdots\cdots ②$$

ところで、エレベーターの床に対する石の運動は、エレベーターの床の位置

$$h_0+v_0t \cdots\cdots ③$$

を引いて考えねばならない。②より③を引けば、

$$y' = h - \frac{1}{2}gt^2 \cdots\cdots ④$$

これは地上で高さ h から石を落とした場合とまったく同じである！　すなわちエレベーターが地上に静止しているのか、等速度で運動しているのか区別できないことを示している。

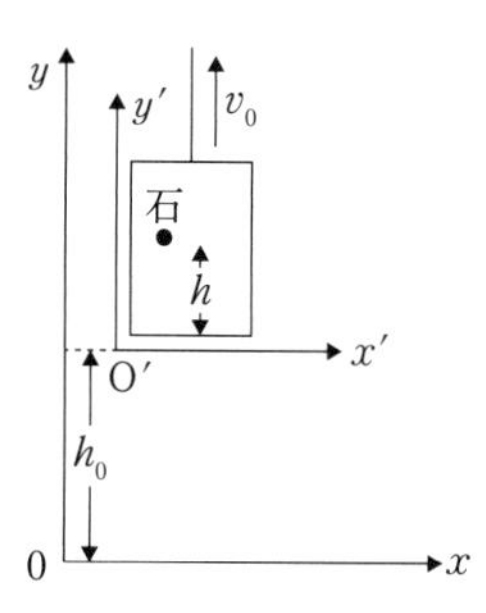

もしエレベーターが上方に向かって加速度 a で動いているときには、③に $(1／2)at^2$ の項をつけ加えればよい。その場合④は、

$$y' = h - \frac{1}{2}(g + a)t^2 \cdots\cdots ④'$$

となって、あたかも重力が $(g+a)$ に大きくなったようにみえる。

一方、エレベーターの綱が切れたとすれば床の位置は③のかわりに

$$h_0 - \frac{1}{2}gt^2 \cdots\cdots ③'$$

となるから、②で $v_0=0$ としたものから③′をひけば

$$y' = h$$

すなわち、あたかも重力がなくなったかのように見える。実際、宇宙飛行士が無重力体験訓練をするときには、高空から自然落下する飛行機の中で行っているのである。

ノート7　ローレンツ変換

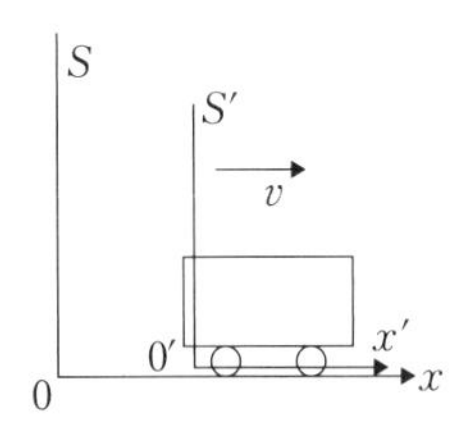

静止系 S に対して、x 軸方向に一定速度 v で動いている運動系 S' を考える。それぞれの座標を (x, t)、(x', t') とすれば

$$\begin{cases} x = x' + vt \\ t = t' \end{cases} \quad \text{あるいは} \quad \begin{cases} x' = x - vt \\ t' = t \end{cases}$$

ただし、$t=t'=0$ で S、S' は重なっていて、$x=x'=0$ であったとする。これは S、S' 系に対して対称形をした座標変換で‘ガリレイ変換’とよばれる。

さて、光速度一定の原理をみたす変換を求めるために

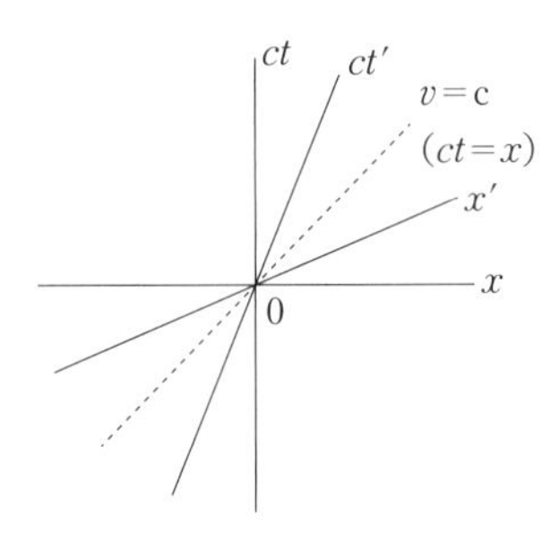

$x'=\gamma(x-vt)$……①

$x=\gamma(x'+vt')$……②

とおき、$t=t'=0$ のとき、$x=x'=0$ にある光源から光が放射されて x, x' に t, t' 秒後に到達したとすれば、光速度一定の原理から

$$\frac{x'}{t'}=\frac{x}{t}=c$$

すなわち

$$x'=ct'\cdots\cdots③$$

$$x=ct\cdots\cdots③'$$

①、②、③、③′より

$$ct'=\gamma(c-v)t$$

$$ct=\gamma(c+v)t'$$

辺々かけあわせて t, t' を消去し、x, x' の方向を同じにとって $\gamma>0$ とすれば

$$\gamma=\frac{1}{\sqrt{1-\left(\frac{v}{c}\right)^2}}\cdots\cdots④$$

がえられる。④を①、②に代入し、t' を x, t であらわせば、

$$x'=\frac{1}{\sqrt{1-\left(\frac{v}{c}\right)^2}}(x-vt)\cdots\cdots⑤$$

$$t'=\frac{1}{\sqrt{1-\left(\frac{v}{c}\right)^2}}\left(t-\frac{xv}{c^2}\right)\cdots\cdots⑥$$

これを‘ローレンツ変換’とよぶ。

運動系 S' に固定した時計の進み t' と、静止系 S に固定した時計の進み t の関係を求めよう。S からみて、S' の原点 $x'=0$ における時間を t とすれば、⑤より

$$0=\frac{1}{\sqrt{1-\left(\frac{v}{c}\right)^2}}(x-vt)$$

これより　　$x=vt$

これを⑥に代入すれば、

$$t'=\sqrt{1-\left(\frac{v}{c}\right)^2}\,t$$

がえられる。本文では、$t'=T$（列車）、$t=t$（地上）と書いてある。

一方、S 系における長さ L は、時刻 t での

$$L=x_2-x_1$$

であり、S' 系における長さ L' は、時刻 t' での

$$L'=x_2'-x_1'$$

であるから、⑤より

$$L' = x_2' - x_1' = \gamma(x_2 - vt) - \gamma(x_1 - vt)$$
$$= \gamma(x_2 - x_1) = \gamma L$$

すなわち、運動世界を静止世界から眺めると、長さがちぢんで見えるわけで、これを‘ローレンツ・フィッツジェラルド収縮’とよんでいる。さて、⑤、⑥をかきなおせば、

$$\begin{cases} x' = \gamma\left\{x - \dfrac{v}{c}(ct)\right\} \cdots\cdots ⑤' \\ ct' = \gamma\left(-\dfrac{v}{c}\cdot x + ct\right) \cdots\cdots ⑥' \end{cases}$$

これは、(x', ct')、(x, ct) 座標系の回転をあらわし、x' 軸は $Ct'=0$ とおいて⑥′より

$$x = \frac{c}{v}(ct)$$

Ct' 軸は $x'=0$ とおいて⑤′より

$$x = \frac{v}{c}(ct)$$

であるから、$v=c$、すなわち光の世界線に対して対称にひずんだ斜交座標となる。

ノート8　重さと重力

ニュートンの運動の第2法則によれば、

$F = m \times a$（F：力　m：質量　a：加速度）

地上で、質量 m（kg）の物体を落とせば、質量に関係なく一定の加速度 g（≒9.8m／秒^2）で落ちるから、その物体に作用している力は

$F = m \times g$（N）

である。すなわち、質量1kgの物体に作用する重力の大きさは、

$F = 1 \times 9.8$（N）

であって、これを‘1kg－重の重さ’と定義している。日常ではこれを単に‘1kgの重さ’などとよんでいる。

ノート9　$m = \dfrac{m^0}{\sqrt{1-(v/c^2)}}$ と $E=mc^2$ の導出

2つの物体A、Bが、互いに力を及ぼしあうとき、それらの力の大きさは等しく、方向は逆向きである（ニュートンの運動の第3法則）。すなわちA

からＢへの力を $\vec{F}_{A\to B}$、Ｂから A への力を $\vec{F}_{B\to A}$ とかけば、

$$\vec{F}_{A\to B}=-\vec{F}_{B\to A}\cdots\cdots①$$

いま、A、Ｂの質量を各々 m_A、m_B、速度を v_A、v_B とすれば、運動の第２法則より

$$\vec{F}_{A\to B}=m_B\frac{d\vec{v}_B}{dt}$$

$$\vec{F}_{B\to A}=m_A\frac{d\vec{v}_A}{dt}$$

であるから①に入れて積分すれば、

$$m_A\vec{v}_A+m_B\vec{v}_B=一定\cdots\cdots②$$

ここで、(質量×速度)≡運動量と定義すれば、②は２つの物体が相互作用しているときには、それらの運動量の和は、一定であることを示している(運動量保存の法則)。

　ところで、２つの球 P、Q を考え、これらの質量は、各々に対して静止している観測者 A、Ｂから見て m_0 であるとしよう。

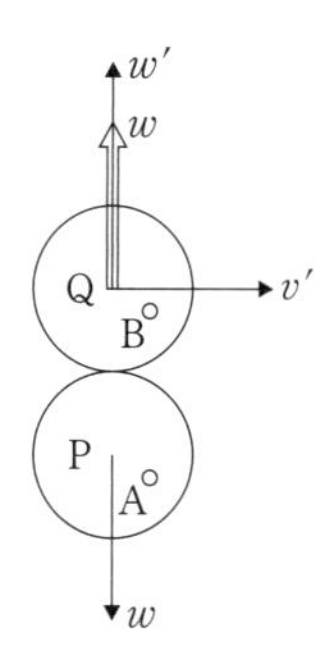

　いま、P、Q が相対速度 v ですれちがったときに、お互いに力を及ぼしあい、P は v に対して直角の方向に w という速度を A から見て得たとする。ところが、A から見た Q の速度は、

$$\sqrt{1-\left(\frac{v}{c}\right)^2}$$

だけゆっくり進むＢの時計で計って w になるのであるから

$$w' = w\sqrt{1-\left(\frac{v}{c}\right)^2}$$

そこで、Aから見たQの質量をmとすれば、Aから2つの球P、Qの衝突を見たときの運動量保存は

$$m \cdot w\sqrt{1-\left(\frac{v}{c}\right)^2} = m_0 w$$

となり、これよりAから見たQの質量として

$$m = \frac{m_0}{\sqrt{1-\left(\frac{v}{c}\right)^2}} \cdots\cdots ③$$

が得られる。ところで運動量を

$$P = mv = \frac{m_0 v}{\sqrt{1-\left(\frac{v}{c}\right)^2}}$$

とかけば、エネルギーの変化量dEは、力

$$F = \frac{dP}{dt}$$

によって$dE = F \cdot dx$とかかれるから

$$\frac{dE}{dP} = \frac{dP}{dt} \cdot \frac{dx}{dP} = \frac{dx}{dt} = v \cdots\cdots ④$$

となるが

$$P^2 = (mv)^2 = \frac{{m_0}^2 v^2}{1-\frac{v^2}{c^2}}$$

つまり

$$v = \frac{Pc}{\sqrt{{m_0}^2 c^2 + P^2}} \cdots\cdots ⑤$$

になることから、④、⑤より

$$\frac{dE}{dP} = \frac{Pc}{\sqrt{{m_0}^2 c^2 + P^2}}$$

これより

$$E = c\int \frac{P}{\sqrt{{m_0}^2 c^2 + P^2}} dP = \sqrt{{m_0}^2 c^2 + P^2 c^2} \cdots\cdots ⑥$$

⑥に

$$P=mv=\frac{m_0}{\sqrt{1-\frac{v^2}{c^2}}}\cdot v$$

を代入して

$$E=\frac{m_0c^2}{\sqrt{1-\frac{v^2}{c^2}}}=mc^2\cdots\cdots⑦$$

が得られる。

さて一般に $x \ll 1$ のとき

$$\frac{1}{\sqrt{1-x}}\fallingdotseq 1+\frac{x}{2}$$

のように近似することができる。

$(v/c)\ll 1$ として③を展開し c^2 を各項にかければ

$$mc^2=m_0c^2+\frac{1}{2}m_0v^2\cdots\cdots⑧$$

この式の右辺第2項は、運動エネルギーであるが、この式で $E=mC^2$ と考えれば、E の中に運動エネルギーをふくめて考えることができる。すなわち静止している質量 m_0 は m_0C^2 のエネルギーを内在的にもっており、このことからも‘質量・エネルギーの同等性’を理解することができるであろう。

ノート10　太陽の熱源

水素、ヘリウムの原子量は各々、1.0079、4.0026である。したがって4H → Heの反応での質量欠損は、

$$\frac{(4\times1.0079)-4.0026}{4\times1.0079}\fallingdotseq 0.007=0.7\%$$

である。

ところで、地球上で、日光に垂直な面で、1cm^2 あたり1分間にうける日光のエネルギーはおよそ2calである（太陽定数）。そこで毎分太陽から放出されているエネルギーは、太陽、地球間の距離を 1.5×10^8km（$=1.5\times10^{13}$cm）として、それを半径とする球面積、$4\pi\times(1.5\times10^{13})2$cm^2 に2cal／cm^2 をかければよい。すなわち、5.5×10^{27}cal／分となる。エネルギーをJになおせば、1cal＝4.2Jであるから、2.3×10^{28}J／分となる。これを質量になおせば

$E=mC^2$ より

$$m=\frac{E}{c^2}=\frac{2.3\times10^{28}}{(3\times10^8)^2}=2.6\times10^{11}\ (\text{kg／分})$$
$$=2.6\times10^8\ (\text{トン／分})$$
$$\fallingdotseq 400\text{万}\ (\text{トン／秒})$$
$$=3800\ (\text{億トン／日})$$

一方、太陽の質量は、およそ2×10^{30}kg、1kgの石炭が燃えると、7×10^6calの熱エネルギーが放出される。もし太陽が石炭でできていたとすれば、太陽は毎分5.5×10^{27}calの熱を放出しているのだから、それが燃えつきるまでの時間は、

$$\frac{(7\times10^6)(2\times10^{30})}{5.5\times10^{27}}=2.5\times10^9\ (\text{分})$$
$$\fallingdotseq 4800\ (\text{年})$$

エーゲ文明のころ火をつけたとしても、今は燃えつきていたであろう。

ノート11　万有引力

質量m、M（kg）である2つの物体（質点）が距離R（m）はなれて存在しているとき、その間に作用する万有引力の大きさは

$$F=G\frac{m\cdot M}{R^2}\ (\text{N})$$

ただし、Gは重力定数で$G=6.672\times10^{-11}\text{N}\cdot\text{m}^2/\text{kg}^2$ たとえば、地球と月の間に作用する万有引力の大きさは、各々の質量を5.98×10^{24}kg、7.36×10^{22}kg、お互いの間の距離を3.8×10^8mとすれば、およそ2×10^{10}N、すなわち200万トンであり、その力が遠心力で飛び去っていこうとする月をひきとめている。

かりに引力がなかったとして、月を地球のまわりにひきとめておくには、一番引張りに強いピアノ線を使っても、その直径はおよそ330kmとなる！

ノート12　光速度決定の歴史から

光速度を計ろうとする試みは、16世紀、ガリレイが月のない闇夜に弟子と2人、数km離れた丘の上に立って、ランタンの光を点滅して実験したのが始まりらしい。数値らしいものをはじめてもとめたのは、デンマークの天文学者O. C. レーマーだった。彼は1675年に、木星の第1衛星イオが地球から見て木星のうしろに隠れて見えなくなる現象（食）のおこる周期が、イ

オの公転周期42時間28分から最大22分の誤差を持っていることに気がついた。そこで彼は、この誤差を、地球もまた太陽のまわりを公転しているために、木星、地球、太陽の順に並んだときと、木星、太陽、地球の順とでは、地球の公転軌道の直径3億kmを光が横切るために費やす時間が原因と考え、

3億km÷1320秒（=22分）≒23万km／秒

という値をわりだした。

その後、フランスの物理学者A. H. フィゾーは高速回転する歯車の歯の間に光を通し、鏡による反射を再び歯の間からよび戻すという巧みな実験を行い、歯車の回転数と歯の間隔とから、現在知られている値に近い光速度の決定を行った。現在得られている、もっとも確からしい値は、C=299792458±1.2m／秒、秒速約30万kmである。

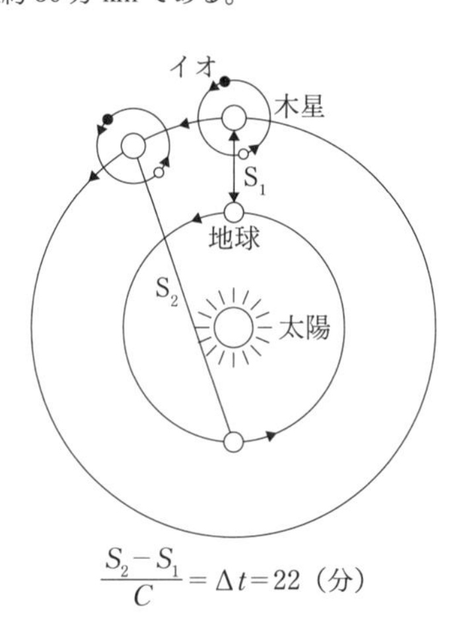

$$\frac{S_2-S_1}{C}=\Delta t=22\ （分）$$

ノート13　重力による光の曲がり

太陽の質量をM、半径をRとする。光は太陽の表面すれすれに通過するものとしよう。振動数νの光の質量は$h\nu/c^2$、運動量は$h\nu/c$である。光の運動量変化ΔPは、

$$\Delta P=\frac{h\nu}{c}\tan\theta \fallingdotseq \frac{h\nu}{c}\cdot\theta \cdots\cdots ①$$

この ΔP は力積、すなわち力とそれが作用した時間の積にひとしい。

$$\Delta P = f \cdot \Delta t \cdots\cdots ②$$

ここで力 f は、光の質量 $h\nu / c^2$ と太陽の質量に比例する万有引力であり、

$$f = G\frac{M}{R^2}\left(\frac{h\nu}{c^2}\right) \cdots\cdots ③$$

さて、光と太陽が相互作用する範囲を $2R$ とすれば

$$\Delta t = \frac{2R}{c} \cdots\cdots ④$$

①、②、③、④より

$$G\frac{M}{R^2}\frac{h\nu}{c^2} \cdot \frac{2R}{c} \fallingdotseq \frac{h\nu}{c}\theta$$

これより

$$\theta = \frac{2GM}{Rc^2}$$

となる。ところで一般相対性理論では、太陽の質量による空間のゆがみから、もともと光は曲がって進むので、厳密な計算をすると、この値の2倍

$$\theta = \frac{4GM}{Rc^2}$$

がえられる。

ここで $M = 1.989 \times 10^{30} kg^2$、$R = 6.96 \times 10^8 m$、$\mathrm{G} = 6.67 \times 10^{-11} N \cdot m^2 / kg^2$ とすれば

$$\theta = 1.7 秒$$

となる。ちなみに、1919年のイギリス観測隊の観測結果は1.75秒であった。

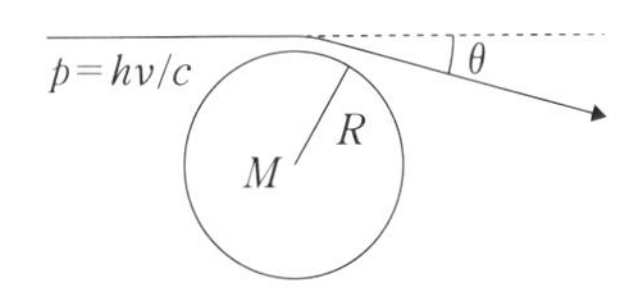

ノート14　フェルマーの原理と光の道すじ

点Aから他の点Bに至る光の道すじは、所要時間を最小にするようなものである（フェルマーの原理）。この原理から反射、屈折の法則をみちびい

てみよう。

Ａからでた光がPQ面で反射され、Ｂに至るものとする。平面PQに対するＡの対称点をA′とし、A′とＢを結ぶ直線とPQとが交わる点をＣとすれば

$$\overline{AC} = \overline{A'C} \quad \therefore \overline{AC} + \overline{CB} = \overline{A'B}$$

PQ上に他の点Ｄをとれば、$\overline{AD} = \overline{A'D}$ であるから

$$\overline{AD} + \overline{DB} = \overline{A'D} + \overline{DB}$$

しかるに３角形A′DBで $\overline{A'D} + \overline{DB} > \overline{A'B}$ であるから

$$\overline{AD} + \overline{DB} > \overline{AC} + \overline{CB}$$

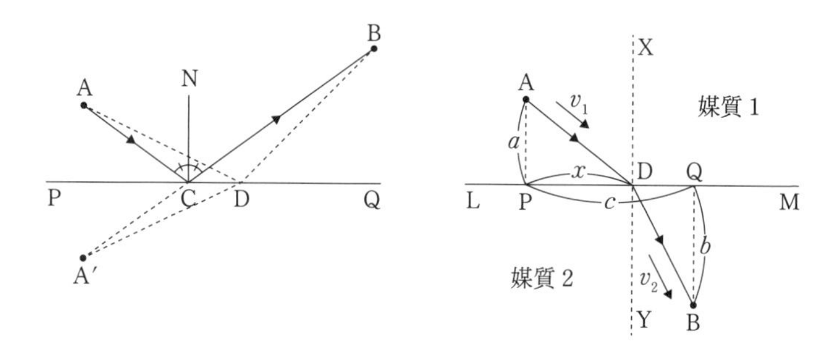

すなわち、ＡからＢに至る最短コースは、Ａ→Ｃ→Ｂである。これより∠ACP＝∠BCQ、または、ＣでPQに垂線 $\overline{CN}$ をたてれば、∠ACN＝∠BCN、いいかえれば入射角と反射角が等しくなるような点Ｃを選んで光は進むのである。

次に媒質ⅠとⅡの境界面LM上Ｄで、光が屈折する場合を考えよう。ＡからLMに垂線 $\overline{AP}$ をおろし、ＰからＤまでの距離を x, ＢからLMにおろした垂線を $\overline{BQ}$ とし、$\overline{PQ} = c$ とする。さらに $\overline{AP} = a$、$\overline{BQ} = b$、媒質Ⅰ、Ⅱにおける光の速度を v_{I}、v_{II} とすれば、ＡからＢに光が進むときの所要時間Ｔは

$$T = \frac{\sqrt{x^2 + a^2}}{v_{\mathrm{I}}} + \frac{\sqrt{(c-x)^2 + b^2}}{v_{\mathrm{II}}}$$

ここで

$$\frac{dT}{dx}=\frac{1}{v_{\mathrm{I}}}\cdot\frac{x}{\sqrt{x^2+a^2}}-\frac{1}{v_{\mathrm{II}}}\cdot\frac{c-x}{\sqrt{(c-x)^2+b^2}}=0$$

となるような x が、Tを最小にするものであって、DでLMに立てた垂線を $\overline{\mathrm{XY}}$ とし、$\angle\mathrm{ADX}=\theta_{\mathrm{I}}$、$\angle\mathrm{BDY}=\theta_{\mathrm{II}}$ とすれば、

$$\frac{v_{\mathrm{I}}}{v_{\mathrm{II}}}=\frac{\sin\theta_{\mathrm{I}}}{\sin\theta_{\mathrm{II}}}$$

が得られる。これは屈折についての‘スネルの法則’とよばれるものである。

ノート15　シュヴァルツシルト半径

質量 M、半径 R の星からロケットで脱出するには、ロケットの運動エネルギー、$\frac{1}{2}mv^2$ が星から受けている重力の位置エネルギー $G\frac{mM}{R}$ より大きくなればよい。

$$\frac{1}{2}mv^2>G\frac{m\cdot M}{R}$$

すなわち

$$v>\sqrt{\frac{2GM}{R}}$$

ここで、ロケットの質量を m、速度を v、重力定数を G とした。

地球の場合は $M=6\times10^{24}$kg、$R=6.35\times10^3$km であるから $v\geqq11.2$km／秒となる。ところで、Rが小さくなって $v>C$ になったらどうなるだろうか？この場合には光速 C で走っても脱出できない。そのときの限界半径を R_0（シュヴァルツシルト半径）とすれば、

$$C=\sqrt{\frac{2GM}{R_0}}\quad より\quad R_0=\frac{2GM}{C^2}$$

M として太陽の質量 2×10^{30}kg をとれば、$R_0=3$km、地球の場合は $R_0=0.9$cm になる。つまりこれがブラックホールになりうる限界半径である。以上の議論は必ずしも厳密ではないが、R_0 の形は一般相対性理論から導かれるものと同一である。

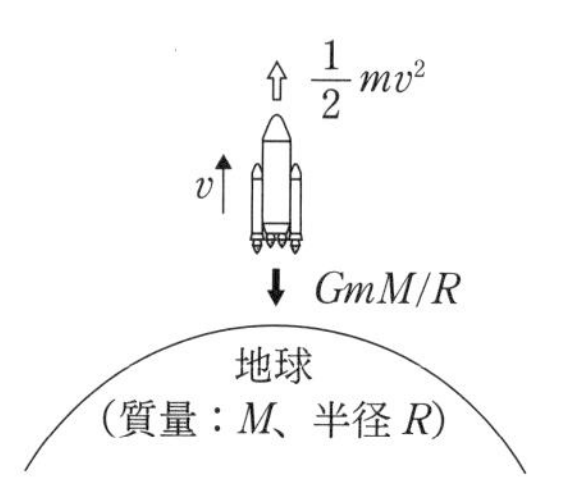
$\frac{1}{2}mv^2$
v
GmM/R
地球
（質量：M、半径 R）

第2章　素粒子・この小さな宇宙

ノート1　光の干渉と回折

2つ以上の波が一点で出あうとき、それぞれの波の山と山が重なれば強めあい、山と谷が重なれば弱めあう現象を‘干渉’とよび、これらの部分が規則正しく並ぶと‘干渉縞’ができる。一方、波が障害物でさえぎられるとき、幾何学的に直進しないで障害物の影の部分に回りこむ現象を‘回折’とよび、いずれも波特有の現象で粒子と区別される特徴のひとつである。

下図のA、Bを、山と山がきちんとそろった（位相がひとしい）2つの波（波長＝λ）が通りぬけてスクリーン上のP点で出あうとしよう。

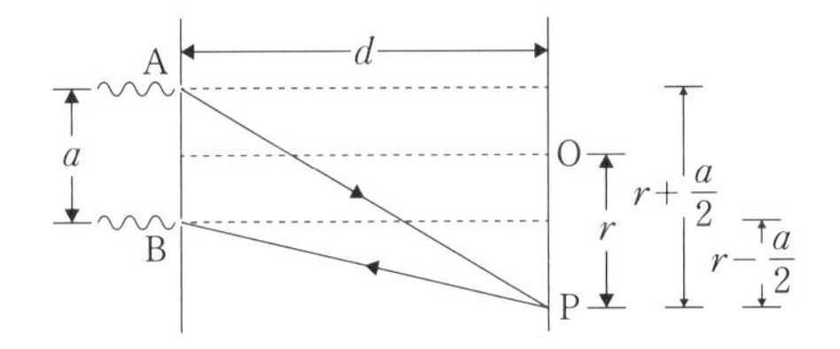

$\overline{AB}$＝a、A、Bの中点より立てた垂線が前方dの距離にあるスクリーンと交わる点をO、$\overline{OP}=r$とすれば（ピタゴラスの定理から）、

$$\overline{AP}^2=d^2+\left(r+\frac{a}{2}\right)^2=d^2+r^2+ar+\frac{a^2}{4}$$

$$\overline{BP}^2=d^2+\left(r-\frac{a}{2}\right)^2=d^2+r^2-ar+\frac{a^2}{4}$$

$$\therefore\ \overline{AP}^2-\overline{BP}^2=2ar$$

すなわち光路差をδとすれば、

$$\delta=\overline{AP}-\overline{BP}=\frac{2ar}{\overline{AP}+\overline{BP}}\sim\frac{2ar}{2d}=\frac{ar}{d}$$

δが半波長（λ／2）の偶数倍であればP点で山と山が重なり（明るく）、奇数倍ならば山と谷が重なる（暗い）。つまり、nを偶数か奇数の整数とするとき、

$$r = n\frac{\lambda d}{2a}、\ n\begin{cases}偶数：明るい\\奇数：暗い\end{cases}$$

によってＰ点の明暗がきまる。回折縞についても同様に考えることができる。

ノート２　電磁波

２つの粒子がぴんと張ったゴムひもで結ばれているとしよう。一方の粒子がゴムひもと直角方向に振動すると、その振動の波がゴムひもをつたわってもう一方の粒子に到達し、その粒子を振動させる。２つの帯電粒子の間の電気力についてもこれと同じことがおこる。すなわち帯電粒子の振動によって生じた電気的波動が‘想像上のゴムひも’にそって伝播し、別の帯電粒子を振動させる。私たちが星の光をみるということは、星の中の電子が高い温度で動きまわることによっておくりだされる電気的波動が、私たちの眼の網膜の中の電子を振動させ、そのエネルギーが神経細胞を化学変化させてつくった信号を脳が感じとるものである。

一方、電気力の変化は磁気を生じるから電気力の波は磁気力の波をともなって、たがいに、直交しながら空間をつたわっていくのが電磁波である。

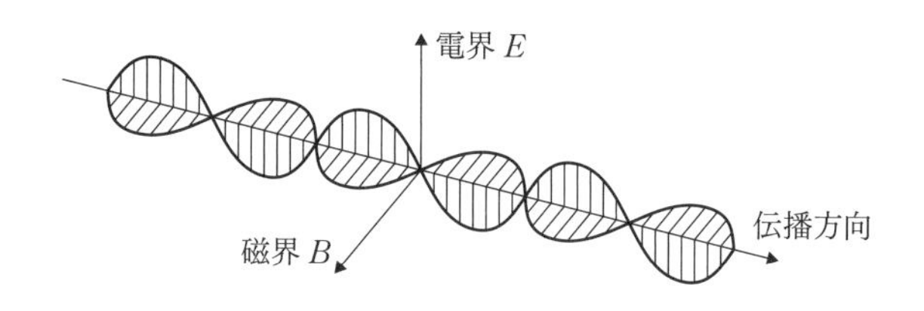

ノート３　太陽の可視限界距離

地球から500光秒の距離にある太陽が地球上$1\mathrm{cm}^2$、毎分あたりにおくりこむエネルギーを1cal（＝4.2J）とすれば、太陽がd光年（＝60×60×24×365×d光秒）のところまで遠ざかったとき、地上に到達するエネルギーは

$$4.2\times\left(\frac{500}{60\times60\times24\times365\times d}\right)^2$$
$$\fallingdotseq\frac{1}{10^9\times d}\quad(\mathrm{J/cm^2\cdot 分})$$

このエネルギーが$0.25\mathrm{cm}^2$のつぶらなひとみからはいり、水晶体で1万分の4mmくらいの大きさ（可視光の波長の程度）にしぼられ、そこで1600万個のレチナール分子に吸収される。一方、我々の眼が動いているものをとらえるためには、少なくとも30分の1秒の間にレチナール分子は光に感じなければならない。したがって、d光年はなれた太陽からおくられてくる光が、レチナール分子を30分の1秒の間通過する光量は

$$\left(\frac{1}{10^9\times d}\right)\times0.25\times\left(\frac{1}{1600万}\right)\times\left(\frac{1}{30}\right)$$
$$\fallingdotseq0.8\times10^{-20}/d^2\quad(\mathrm{J})$$

1個のレチナール分子が光を感ずるために必要なエネルギーは2.5×10^{-20}(J)。よって、この星（太陽）が眼でみえるための条件は、

$$0.8\times10^{-20}/d>2.5\times10^{-19}$$

これより、$0.18>d$（光年）

ノート4　光電効果

入射光子のエネルギーを$h\nu$（νは入射光を波と考えたときの振動数で$\nu=c/\lambda$、cは光速度、λは波長）、金属の中から自由電子をとりだすのに必要なエネルギーをW、とびだした電子のエネルギーをEとすれば

$$E=h\nu-W$$

したがって、$h\nu_0$（$=hc/\lambda_0$）$=W$となる限界振動数ν_0（限界波長λ_0）があり、それよりも小さい（大きい）振動数（波長）をもつ光を照射しても電子をたたきだすことはできない。これは井戸の中に石をなげこんで井戸の水を外にはじきだすのに似ている。エネルギーの井戸の深さに相当する量を仕事関数ϕであらわし、電子の電荷をeとすれば$W=e\phi$である。

ノート5　フォトンの質量と運動量

特殊相対性理論によれば、静止質量m_0の粒子が速さvで運動しているときの質量mは、

$$m=\frac{m_o}{\sqrt{1-\left(\frac{v}{c}\right)^2}}$$ Cは光速度

一方、質量 m はエネルギー E と $E=mC^2$ で結ばれているから、

$$E=\frac{m_o C^2}{\sqrt{1-\left(\frac{v}{c}\right)^2}} \quad \cdots\cdots①$$

書きなおして、

$$E\cdot\sqrt{1-\left(\frac{v}{c}\right)^2}=m_o c^2$$

ここで $v=c$、$E\neq 0$ とすれば、$m_o=0$、すなわちフォトンの静止質量は0であり、それがフォトンの基本的性質であるとすれば、フォトンはとまることも、c 以外の速度で走ることもできない。光は永遠に光速度で走りつづけるのである。運動学的に粒子をわけると、(1) 加速されると速く走る粒子、(2) いつも光速で走る粒子、(3) 光速をこえて走る粒子の3種類が考えられる。(1)は我々が日常みているような粒子、(2)は光の粒子、(3)はタキオンとよばれる仮想粒子である。タキオンが観測可能であるとすればその静止質量は純虚数、エネルギーが0にみえるような座標系からみると無限大の速度をもつことができる。

エネルギー E と運動量 P（$=mv$）の関係は①式を2乗して、

$$E^2=\left(\frac{m_o c^2}{\sqrt{1-\left(\frac{v}{c}\right)^2}}\right)^2=\frac{{m_o}^2 c^4-{m_o}^3 v^2 c^2+{m_o}^2 v^2 c^2}{1-\left(\frac{v}{c}\right)^2}$$

$$={m_o}^2 c^4+\frac{{m_o}^2 v^2 c^2}{1-\frac{v^2}{c^2}}=(m_o c^2)^2+(Pc)^2$$

すなわち、

$$E^2=(m_o c^2)^2+(Pc)^2 \quad \cdots\cdots②$$

（ここで運動量 P は、全質量 m をつかって、$P=mv$ で定義されることに注意）

フォトンの場合は $m_o=0$ であるから②式より、

$$E=Pc \text{ あるいは } P=\frac{E}{c}=\frac{hv}{c}=\frac{h}{\lambda}$$

$(\because\ c=\lambda\nu)$

ノート６　運動量

運動量 $P=mv$ からニュートンの運動の法則がみちびかれる。

外からの影響がなければ運動量は保存される。すなわち $P=mv=$一定、したがって $m\neq0$ ならば $v=$一定（第１法則）。

運動量の単位時間あたりの変化の割合を力 F として定義すれば、

$$\frac{dP}{dt}=F\ \text{（第２法則）}$$

$P=mv$ であるから

$$F=\frac{dP}{dt}=\frac{d(mv)}{dt}=m\frac{dv}{dt}=ma$$

（m は一定、a は加速度）

２つの物体Ａ、Ｂが相互に影響を及ぼしあっているとき、Ａから流出した運動量 G がＢに吸収されたとすれば、Ａ、Ｂの運動量変化 ΔP_A、ΔP_B は

$$\Delta P_A=-G,\quad \Delta P_B=G$$

すなわち、全体の系では運動量は保存され、その変化率は

$$\frac{dP_A}{dt}=-F,\ \frac{dP_B}{dt}=F\ \text{（第３法則）}$$

ＡがＢにあたえる力は、ＢがＡにあたえる力と大きさはひとしく方向が反対である。

ノート７　放射線

放射性物質から放射される自然放射能には α 線（ヘリウム原子核）、β 線（電子）、γ 線（電磁波）の３種類がある。

ノート８　ラザフォード散乱

α 粒子、原子核散乱では、たがいに反発しあう散乱であるが、ここでは話を簡単にするために電子、原子核散乱について考える。

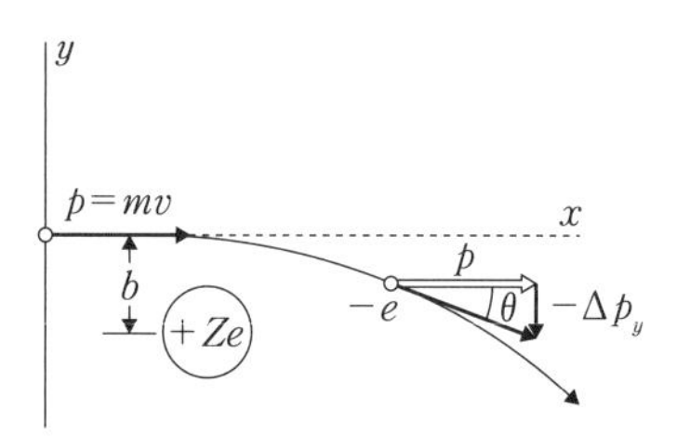

原子核からのクーロン力によって電子がうける y 軸方向の運動量変化を ΔP_y とすれば、

$$\Delta P_y = \int F_y \cdot dt = e\int E_y\, dt = e\int E_y\left(\frac{ds}{v}\right)$$

ここで F_y は電荷 Ze をもつ原子核から電荷 e の電子がうける力の y 成分、E_y は原子核による電界の y 成分、m、v は電子の質量と速度、それと $ds = v \cdot dt$ である。

散乱角が小さいとして $ds \sim dx$、よって、

$$\Delta P_y \sim \frac{e}{v}\int E_y\, dx = \frac{e}{2\pi bv}\int E_y\, 2\pi b \cdot dx$$

$2\pi bdx$ は、x 軸を中心として半径 b、高さ dx の円筒の表面積 dA であり、その中にふくまれる電荷は Ze であるから、ガウスの定理により、

$$\Delta P_y \sim \frac{e}{2\pi bv}\oint \vec{\mathrm{E}}\, d\vec{\mathrm{A}} = \frac{e}{2\pi bv}(2\pi k_o Ze)$$
$$= \frac{2k_o Z_e^2}{bv}$$

$$\left(\oint \vec{\mathrm{E}} \cdot d\vec{\mathrm{A}} = 4\pi k_o Ze：\text{ガウスの定理}\right)$$

一方 $\Delta P_y = P\tan\theta$ であるから

$$P(\tan\theta) \sim \frac{2k_o Ze^2}{bv}$$

ここで原子核の半径を R とすれば $b \sim R$ のときに θ は最大（$\theta_{\max}$）になるから、

$$R = \frac{k_o Ze^2}{Pv\tan(\theta_{\max}/2)}$$

電子の波動性を考慮にいれた上で $\theta_{\max}$ をくわしく分析することによって、核内

の電荷分布を知ることもできる。一般に質量数Aをもつ原子核の半径Rは、

$$R \sim (1.2 \times 10^{-15})A^{1/3} \text{ (m)}$$

ノート9　中性子

うすいベリリウム金属箔をα粒子でたたいたときに中性子がとびだす現象により発見された。

$$^{9}_{4}\mathrm{Be} + ^{4}_{2}\mathrm{He} \rightarrow\ ^{12}_{6}\mathrm{C} + ^{1}_{0}\mathrm{n} \text{（又は } n^{0}\text{）}$$

ところで単独な中性子の平均寿命は918秒、陽子（p^{+}）と電子（e^{-}）、反ニュートリノ（$\overline{\nu_e}$）に崩壊する（弱い相互作用）。

$$n^{0} \rightarrow p^{+} + e^{-} + \overline{\nu_e}$$

しかし、一般の原子核の中では、崩壊によって生ずる陽子の居場所がないために崩壊することができず安定である。そのくわしい事情は‘パウリの排他律’とよばれる原理によって説明される。

ノート10　電界による電子の加速

電荷e、質量mの電子が、電圧Vで加速されたときの速度をvとすれば、

$$\frac{1}{2}mv^{2} = e\mathrm{V}$$

$$\therefore \quad v = \sqrt{\frac{2e\mathrm{V}}{m}} = \sqrt{\frac{2 \times 1.6 \times 10^{-19} \times \mathrm{V}}{9.1 \times 10^{-31}}}$$

$$= 5.93 \times \sqrt{\mathrm{V}} \times 10^{3} \text{（}m\text{/秒）}$$

以前、テレビでつかわれていたブラウン管の加速電圧は、20～25×10^{3}Vであるから　$\mathrm{v} \fallingdotseq 10^{8}$（m/秒）

ノート11　$\Delta x \times \Delta P \sim h$の導出

ハイゼンベルクの思考実験によって考える。ある物体の位置を理想的な顕微鏡によって測定するときの精度（分解能）は照らす光の波長λよりは小さくできない。なぜなら物体を見るということは、それを照らす光が物体によって散乱されることによって知覚されるものであり、一方では波長よりも小さい物体によって光が散乱される割合は小さいからである（我々が歩いているとき、歩幅より小さな石につまずく割合は少ない）。したがって位置の不確定さΔxは、およそ、$\Delta x \sim \lambda$　……①

また、波長λの光が粒子的にふるまうときのフォトンの運動量Pはh/λ、

したがってその光で物体を照らしたときに、物体にあたえる運動量の不確定さ ΔP はおよそ、

$\Delta P \sim h/\lambda$　……②

したがって①、②より

$\Delta x \times \Delta P \sim h$

となる。これは測定精度の限界を示し、通常は $\Delta x \times \Delta P > h$ である。さらに厳密な議論では h のかわりに $\hbar/2$（$=h/4\pi$）となる。

ノート12　かくれた変数

調べようとする相手のエネルギーよりも十分に小さいエネルギーをもった試験体があれば、相手の状態を乱すことなく調べることができて不確定性原理を避けることができる。これは量子力学の‘隠れた変数の理論’とよばれているが現在のところ成功していない。

ノート13　粒子の検出法

ガイガー・ミュラー計数管

金属円筒に適当な希薄気体（たとえばアルゴン10cmHg、アルコール1cmHg）を封じこめ、円筒の中心線にそって張られた導線と円筒との間に1000V程度の高電圧をかける。荷電粒子が通過すると、中の気体を自由電子と正イオンに電離させるが、中心導線を陽極（プラス電位）にしておけば、自由電子は中心導線の方に正イオンは管壁の方に移動する。質量が小さく速度が速い電子は、気体原子をさらに電離させ‘電子なだれ’を生じさせる。これらの電子が中心導線に到達して大きな電流パルスとなり、これを増幅して、計数する。スピーカーにつなげば、荷電粒子が通過するごとに音をきくことができる。

ドイツの物理学者H.ガイガーとW.ミュラーによって1928年に発明された。

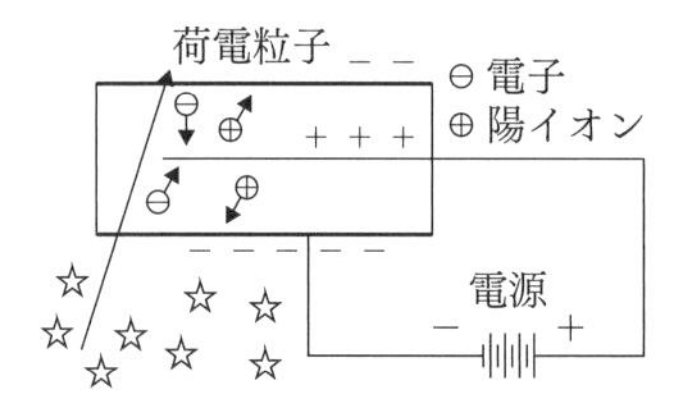

ウィルソン霧箱

一方の壁が可動ピストンになっている容器の中にアルゴンとエチルアルコールなどの混合気体を入れ飽和状態にしておく。荷電粒子が通過した後、ピストンを引いて容器内の温度を下げると（断熱膨張）気体は過飽和状態になるが、粒子の通路で生成された、正負イオンを核として霧滴が生じ粒子の足あとをみることができる。高空をとぶ飛行機がつくる飛行機雲と似た現象である。1911年、イギリスの物理学者C. T. R. ウィルソンが、スコットランドの山の尾根を昇り降りする気流がつくる霧の研究をしていて思いついたと言われている。

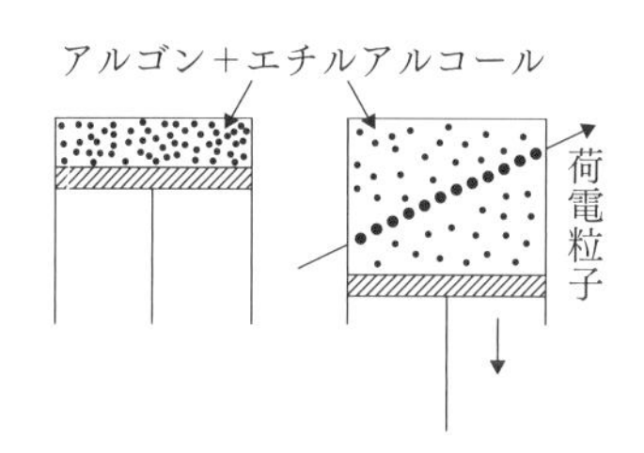

原子核乾板

荷電粒子の通過によって現像可能な臭化銀の結晶粒をつくり、粒子のあしあとをみることができる。感光した銀粒子の密度から入射粒子の速度などを推定することができ、1000分の1mm以下の精度で飛跡をみることができるのが特長である。

泡箱

閉じた容器の中に適当な液体（水素、フレオンなど）をいれ適当な温度と圧力を加え急激に減圧すると液体は過熱状態になる。荷電粒子が通過すると、粒子のエネルギーによって液体分子が加熱されその場所に泡がつくられる。荷電粒子の運動量や電荷は磁界をかけることによる飛跡の曲りから、速度は泡の密度から知ることができる。1952年、アメリカの実験物理学者D. A. グレーザーによって発明された。

シンチレーション計数管

荷電粒子をはじめ、あらゆる種類の粒子、放射線が発光物質に衝突して発する光を電圧パルスにかえて測定する。発光物質は、Na Ｉ、Cs Ｉ、ナフタリンなどの結晶が用いられる。

また電気的に中性な粒子でも、それらが検出器の中の原子をイオン化して２次的につくりだす荷電粒子の足あとから間接的にみることができる。

ノート14　$\Delta E \times \Delta t \sim h$ の導出

$E = h \times \nu$ の関係からエネルギーの不確定さ ΔE は振動数の不確定さ $\Delta\nu$ である。ν を知るためには、振動の周期 t を測定してその逆数をとればよい $(\nu = 1/t)$。一方 ν の不確定さは、ほぼ波１個分、あるいは１回振動分と考えてよい。さらに ν は数えた振動の回数を、その時間間隔でわったものに等しいから、結局 $\Delta\nu \sim 1/\Delta t$。したがって、

$$\Delta E = h \times \Delta\nu \sim h \times \frac{1}{t}$$ すなわち,

$$\Delta E \times \Delta t \sim h$$

あるいは、質量 m の粒子が運動量 $P = mv$ をもって運動しているときのエネルギー E は

$$E = P^2/2m$$

よってエネルギーの不確定さ ΔE は

$$\Delta E = (P/m)\Delta P = v \cdot \Delta P \quad \cdots\cdots ①$$

一方、粒子の位置の不確定さ Δx は、粒子がある点を通るときの時刻に不確定さ Δt をともなうことで

$$\Delta x = v \cdot \Delta t \quad \cdots\cdots ②$$

であるから　①、②より、

$$\Delta P \times \Delta x = \frac{\Delta E}{v} \times v \cdot \Delta t = \Delta E \times \Delta t \sim h$$

ノート15　粒子性と波動性のゆらぎ（不確定性関係）

フォトンの数 N のゆらぎ（不確定さ）を ΔN とすれば、全体のエネルギー $E = N \times (h \times \nu)$ の不確定さ ΔE は、

$$\Delta E = \Delta N \times (h \times \nu)$$

一方、波動性とは振動の位相

$$\theta = 2\pi\nu t + \alpha$$

がきまっていることであり、位相の不確定さ$\Delta\theta$は、

$$\Delta\theta=2\pi\nu\cdot\Delta t \text{ または } \Delta t=\frac{\Delta\theta}{2\pi\nu}$$

であるから

$$\Delta E\times\Delta t=\Delta N\times h\nu\times\frac{\Delta\theta}{2\pi\nu}=\Delta N\frac{h}{2\pi}\Delta\theta\sim h$$

したがって

$$\Delta N\times\Delta\theta\sim 2\pi$$

ノート16　原子核におちこむ電子

電子の電荷をe、質量をm、速さをv、軌道半径をrとすれば、電子のエネルギーは、

$$E=\frac{1}{2}mv^2-k_o\frac{e^2}{r},\ [k_o=9\times10^9(Nm^2/c^2)]\quad\cdots\cdots①$$

電子の加速度とクーロン力は等しいから

$$m\frac{v^2}{r}=k_o\frac{e^2}{r^2}\quad\cdots\cdots②$$

①、②よりエネルギーは、

$$E=-k_o\frac{e^2}{2r}\quad\cdots\cdots③$$

ところで加速度（$=v^2/r$）は②より、

$$\alpha=-\frac{v^2}{r}=-k_o\frac{e^2}{mr^2}\quad\cdots\cdots④$$

一方、電磁輻射理論によると、電荷eが加速度aで振動しているときに毎秒放出するエネルギー$-dE/dt$は$(2/3)k_oe^2a^2/c^3$であるから、④より、

$$-\frac{dE}{dt}=\frac{2}{3}k_o{}^2\frac{e^2}{m^2c^3}\cdot\frac{1}{r^4}\quad\cdots\cdots⑤$$

⑤の左辺は③を微分して、

$$-\frac{dE}{dt}=-\frac{e^2}{2r^2}k_o\frac{dr}{dt}\quad\cdots\cdots⑥$$

と書けるから⑤、⑥から

$$\frac{dr}{dt}=-\frac{4}{3}k_o{}^2\frac{e^4}{m^2c^3}\cdot\frac{1}{r^2}\quad\cdots\cdots⑦$$

よって、電子の軌道半径が R から r になる時間 t は、

$$t=\int_R^r \frac{dt}{dr}dr=\frac{m^2c^3}{4k_o{}^2e^4}(R^3-r^3) \quad \cdots\cdots⑧$$

水素原子の第１軌道（基底状態）から原子核におちこむまでの時間は $R=0.53\times10^{-10}$（m）、$r=10^{-15}$（m）として 1.57×10^{-11} 秒となる。

ノート 17　原子のだす光

たとえば水素原子では電子の許される最小軌道半径は 0.53Å（Å はオングストロームとよみ 10^{-8}cm のこと）、そのつぎに許される軌道半径は 2.12Å、4.77Å……、これらの中間の半径をもつ軌道は許されず存在しない。また軌道半径が大きくなるほど、そこにある電子のエネルギーは大きくなる。

２つの軌道のエネルギーを E_1、E_2（$E_1<E_2$）とすれば、外から光を照射したりして E_1 の軌道にいる電子にエネルギーをあたえると、その電子は、外からのエネルギーを吸収して E_2 の軌道にとびうつる。しかしエネルギーの高い状態は不安定で長つづきせず、またもとの軌道にもどるが、そのときには余分のエネルギーを光として放出する。そのときの光の振動数を ν とすれば

$$E_2-E_1=h\nu$$

つまり原子が吸収したり放出したりする光の色（振動数）をみれば原子内の電子状態をしることができるし、あらかじめわかっている原子の光と比較すれば、未知の物質の中の原子の種類をしることもできる。

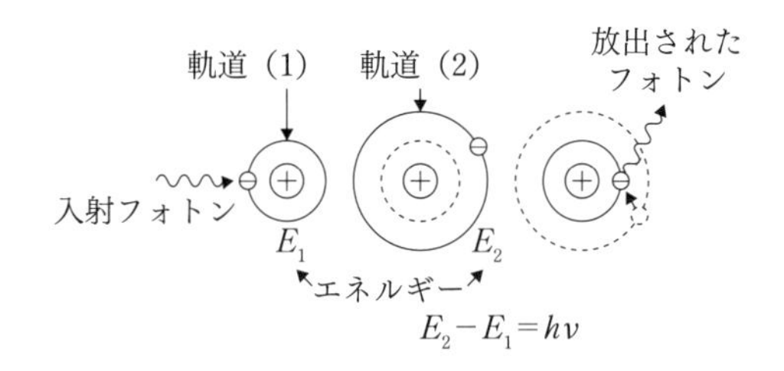

ノート 18　ボーアの原子模型

簡単のために水素原子を考える。$+e$ の電荷をもった原子核（陽子）のまわりを $-e$ の電荷をもった質量 m の電子が、半径 r の円軌道を速度 v でま

わっているとしよう。

電子のド・ブロイ波長をλ（$=h/mv$）とすれば、電子が原子核のまわりを一回りしたとき、波がうまくつながるためには、円周の長さはλの整数倍でなければならない。すなわち

$$2\pi r = n\lambda = n\frac{h}{mv} \quad (n=1,\ 2,\ \cdots\cdots)$$

これより、

$$v = \frac{nh}{2\pi rm} \quad \cdots\cdots①$$

ところで、原子核と電子の間にはたらく電気的引力（クーロン力）Fは、

$$F = k_o\frac{e^2}{r^2}(N)\ [k_o = 9\times10^9(N\cdot m^2/c^2)] \quad \cdots\cdots②$$

一方、円運動をしている電子がうけている向心力（電子からみれば遠心力）F'は

$$F' = \frac{mv^2}{r} \quad \cdots\cdots③$$

であり、$F=F'$であるから②、③から

$$k_o\frac{e^2}{r^2} = \frac{mv^2}{r} \quad \cdots\cdots④$$

④式をrについてとき①式を代入すると

$$r_n = \frac{n^2h^2}{4\pi^2k_ome^2} \quad \cdots\cdots⑤$$

これはnに対応する軌道半径r_nがとびとびでn^2に比例して大きくなることを示している。つぎに電子のエネルギーEは、運動エネルギーKと位置エネルギーUの和であるから、

$$E = K + U = \frac{1}{2}mv^2 + \left(-k_o\frac{e^2}{r}\right) \quad \cdots\cdots⑥$$

④、⑤、⑥式からn番目の軌道に対応する電子のエネルギーE_nは、

$$E_n = -k_o{}^2\frac{2\pi^2me^2}{n^2h^2} \quad \cdots\cdots⑦$$

となる。ここで位置エネルギーUと、クーロン力Fは、

$$F = -\frac{\partial U}{\partial r}$$

で結ばれていること、および単位はすべてMKS（kg、m、秒）、電荷はクーロンではかられたものであることに注意。

ノート19　シュレーディンガー方程式

x軸の方向に速度vですすんでいる波長λ、振動数νの波は

$$\Psi = A\cos（又はsin）2\pi(x/\lambda - \nu t)$$

$$v = \lambda\nu$$

であらわされる。これは、xが波長λごとに、時刻tが周期をTとすれば$1/\nu = T$ごとに位相が同じになるのでΨがくりかえされることからもわかる。

計算の都合上、cosとsinをオイラーの関係$e^{i\psi} = \cos\psi + i\sin\psi$によってまとめ$x$と$t$を含む項をわければ、

$$\Psi = Ae^{i2\pi(x/\lambda - \nu t)} = Ae^{i2\pi(x/\lambda)} \cdot e^{i - 2\pi\nu t}$$

$$= \phi(x) \cdot e^{-2\pi i\nu t} \quad \cdots\cdots ①$$

Ψがみたすべき方程式は、

$$\frac{\partial^2\Psi}{\partial x^2} - \frac{1}{v^2}\frac{\partial^2\Psi}{\partial x^2} = 0 \quad \cdots\cdots ②$$

であるが、ド・ブロイの関係$\lambda = h/P$、$v = \lambda\nu = h\nu/P$をつかって$\phi(x)$について書きなおせば、

$$\frac{\partial^2\phi}{\partial x^2} + \frac{(2\pi)^2 \cdot P^2}{h^2} = 0 \quad \cdots\cdots ③$$

ここで、エネルギーEは、運動エネルギー$P^2/2m$と位置エネルギー$U(x)$の和

$$E = \frac{P^2}{2m} + U(x) \quad \cdots\cdots ④$$

であるから、④を③に代入して$\hbar = \mathrm{h}/2\pi$とかけば、

$$\left\{ -\frac{\hbar^2\partial^2}{2m\partial x^2} + U(x) \right\}\phi(x) = E\phi(x) \quad \cdots\cdots ⑤$$

これは時間を含まないシュレーディンガー方程式とよばれる。

つぎに$\mathrm{E} = \mathrm{h}\nu$を用いると、

$$\Psi = \phi(x)e^{-iEt/\hbar} \quad \cdots\cdots ⑥$$

となるから

$$i\hbar\frac{\partial\Psi}{\partial l} = E\Psi \quad \cdots\cdots ⑦$$

⑤、⑥、⑦より、

$$\left\{-\frac{\hbar^2}{2m}\frac{\partial^2}{\partial x^2}+U(x)\right\}\Psi=i\hbar\frac{\partial\Psi}{\partial t}\quad\cdots\cdots⑧$$

これが時間を含む方程式である（自由粒子のときには $U(x)=0$）。Ψ の絶対値を $|\Psi|$ であらわせば $|\Psi|dx$ が、粒子が時刻 t に x と $x+dx$ の区間にいる確率に比例するものである。

ノート20　電子のスピン

磁界の中に電子をおくと2通りのエネルギーをもつことが知られている。これはあたかも磁界の中に小さな磁石をおいたとき、(1) 磁石が磁界に反平行におかれたときの方が、(2) 平行におかれたときよりもエネルギーが高くなる状況に似ている。

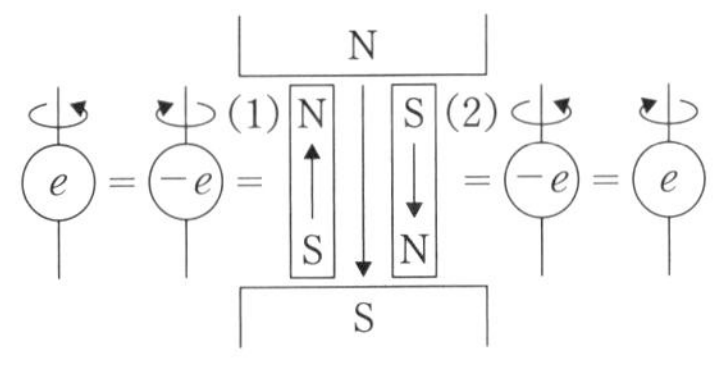

一方、円電流はその中心に小さな磁石があるときと同じような磁界をつくりだすことが知られている。したがって電荷をもつ電子が右まわりと左まわりの2通りの自転をしていると考えればよい。厳密にはこれをスピン角運動量といって $\hbar$ を単位にして1／2、−1／2と書き、それぞれ上向きスピン、下向きスピンなどとよんでいる。

ノート21　真空にかかる光の雲

真空の中では、電子、陽電子対以外の粒子、反粒子対の生成消滅もおこっているが、⑪式（p. 147）をみればわかるように、Δm が小さいほど粒子の生存時間 Δt は大きくなり、したがって真空の中に一番多くまざっているのは軽い電子、陽電子対である。

ノート22　ハドロンの坂田模型

ハドロンは、陽子 p^+、中性子 n^0、ラムダ粒子 Λ^0 とそれらの反粒子

（$\overline{p^-}$、$\overline{n^0}$、$\overline{\Lambda^0}$）からつくられているとするもので、当時発見されていたパイ中間子（π^+、π^0、π^-）、ケイ中間子（K^+、K^0、$\overline{K^0}$、K^-）、それにイータ中間子（η^ν）などの性質を統一的に説明することができた。これはのちのクォーク模型の原型であって u、d、s クォークは、坂田模型の p、n、Λ に対応するものである。

ノート23　核力（強い相互作用）

クォーク模型によれば陽子は（uud）、中性子は（udd）からできている。

陽子、中性子は時間の経過と共に、電気を交換してたがいに入れかわっている。電気のにない手は陽子からみれば π^+（$u\overline{d}$）、すなわち $p \to \pi^+ + n$ に分解し、この π^+ を中性子が吸って $\pi^+ + n \to p$ となる。中性子からみれば、電気のにない手は π^-（$d\overline{u}$）、このときの反応は $n \to \pi^- + p$、$\pi^- + p \to n$ であって、いずれも陽子、中性子は π 中間子を交換しあっている。

ノート24　クォークとじこめ理論

ハドロンの中のせまい領域に閉じこめられたクォークは、細いゴムひものようにのびちぢみする‘ひも’（くわしくいえばグルーオンとよばれる粒子）でゆるく結ばれて比較的自由に動き回っているが、ハドロンに外から強い力を加えて（たとえば衝突実験）変形させると、‘ひも’はのびて強い力でハドロンをこわすまいと反発する。さらに強い力をあたえると、‘ひも’は切れてしまうが、その切れ目には、外から加えたエネルギーが物質化して（$E = mC^2$ で！）新しいクォーク・反クォーク対を生みだす。これは、N、S極を両端にもつ棒磁石を2つに切ると、その切り口に新たなN、S極が生まれて、2本の短い棒磁石になり、N、S極を単独にとりだせない事情と似ている。このように‘ひも’で結びついたクォーク対はハドロンとして目に映るだけで、ひとりぼっちのクォークそのものを目でみることはできない。

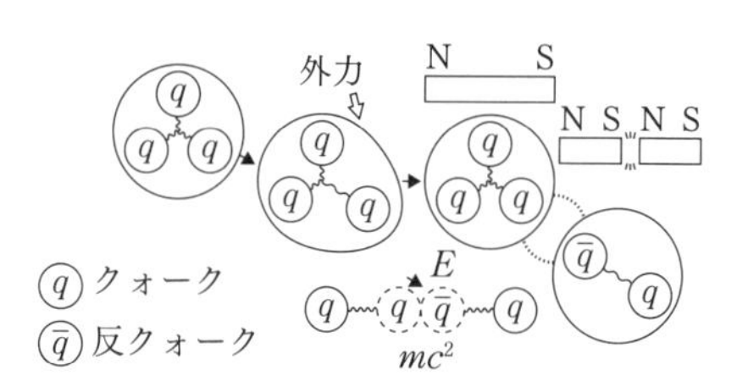

ノート25　自然界の力

理論の統合化の方向　→p. 270の図を参照。

四つの力の性質

力の種類	強い力	電磁力	弱い力	重力
強さ	1	1/137	$\sim 10^{-5}$	$\sim 6\times10^{-34}$
到達きょり（m）	$10^{-15}\sim10^{-16}$	∞	$\ll 10^{-17}$	∞
力の働く粒子	クォーク（ハドロン）	荷電粒子	電子 中性子 クォーク	すべての粒子
交換される粒子	グルーオン	フォトン	中間ベクトルホゾン（W^1、Z^0粒子）	グラビトン（重力子）

空間の相転移と四つの力の分岐　→p. 271の図を参照。

ノート26　陽子の崩壊

$$p^+ \to \pi^0 + e^+$$
$$\pi^0 \to \gamma + \gamma$$
$$e^+ + e^- \to \gamma + \gamma$$

となるのが陽子崩壊の素過程の一例である。このほかに$p \to \overline{\nu} + \pi^+$（$\overline{\nu}$は反ニュートリノ）もあるが、いずれも最後は光（$\gamma$）になってしまう。交換されるX粒子は陽子の質量の$10^{15}\sim10^{16}$倍という大きな質量をもつ異常粒子。この質量から計算される陽子の寿命は$10^{30}\sim10^{32}$年、1000トンの水の中には6×10^{32}個の核子があるから、1年に6～600個の陽子がこわれることになり、その時に放出される光をシンチレーションカウンターで観測する実験が行われている。

四つの力の統一

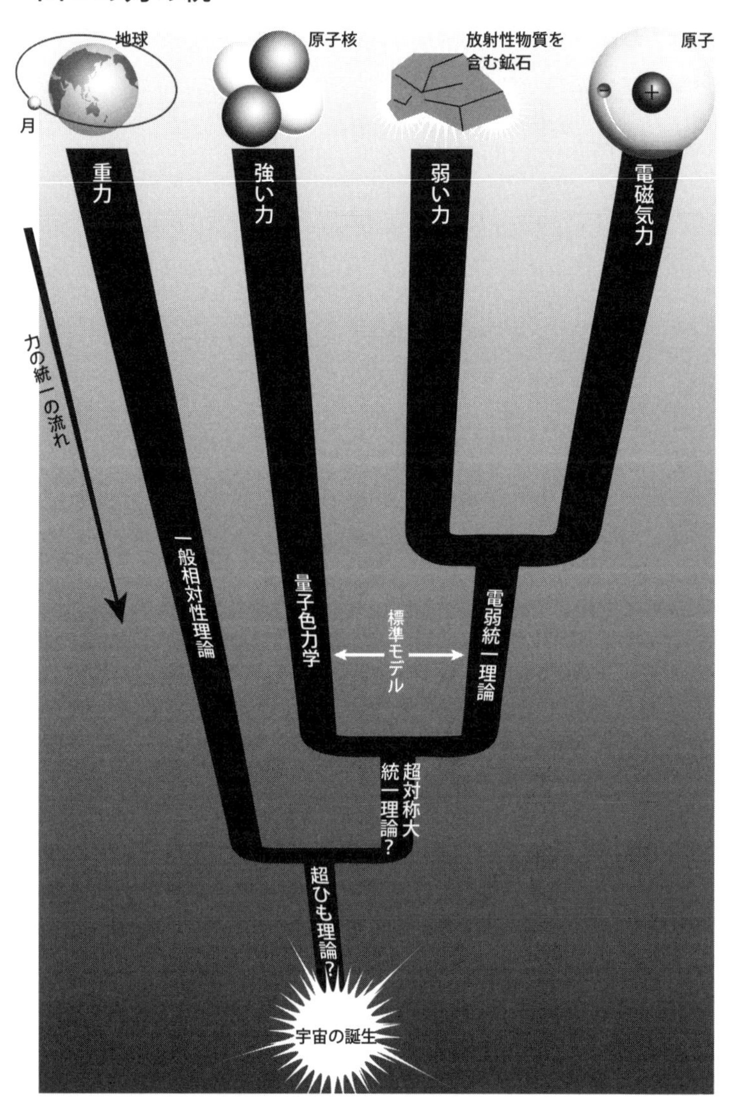
地球
月
原子核
放射性物質を
含む鉱石
原子
重力
強い力
弱い力
電磁気力
力の統一の流れ
一般相対性理論
量子色力学
標準モデル
電弱統一理論
超対称大統一理論?
超ひも理論?
宇宙の誕生

空間の相転移と、四つの力の分岐

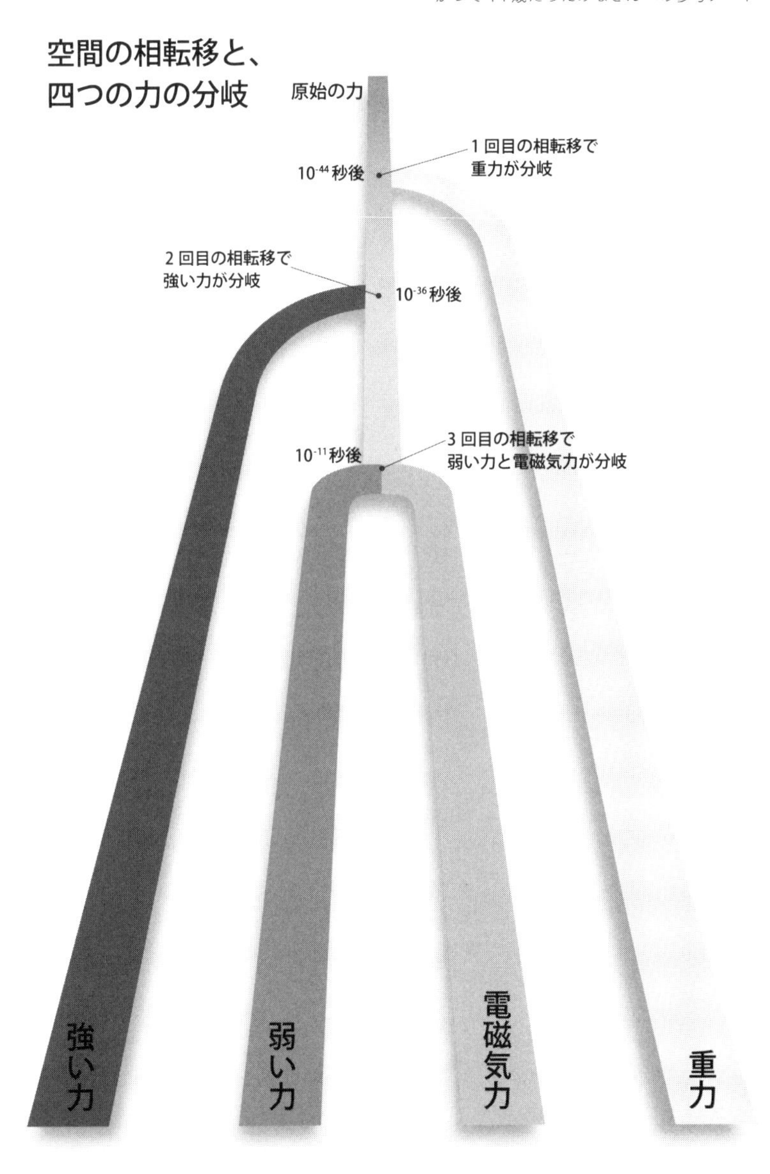

ノート27　人間原理

我々生命体の存在は、とりもなおさず生命体の素である炭素の存在の上に立っている。炭素は宇宙の進化の過程の中でつくられたもので、それがつくられるためには、星の大きさや、宇宙の膨張速度、重力の大きさなど宇宙の基本的性質が現在観測されているもの以外では決して実現され得なかったことを主張する。いいかえれば、宇宙論では宇宙のはじまりを支配する法則も条件もまったくわからないために仮定から結論を導く従来の思考法を適用できず、逆に過去そのものの未来、すなわち‘現在’に基づいて過去を予測する以外に方法がない。理屈の上ではいろいろな形をもった無数の宇宙がある種の確率をもって存在できるはずだが、ひとたびこの宇宙の観測者である生命体の存在をみとめると、数ある存在可能な宇宙の中から唯一最善の宇宙の形がきまってしまって、それが現在の宇宙の姿そのものであると考えるのが‘人間原理’の思考法である。

ノート28　星と人間のエネルギー

1日の人間のエネルギー発生量はおよそ2000大カロリー（$=2\times10^6$cal$=8.4\times10^6$J）　∵ 1cal$=4.2$J

1日は$60\times60\times24=8.64\times10^4$（秒）

よって人間のエネルギー発生率は

$$\frac{8.4\times10^6}{8.64\times10^4}\fallingdotseq100\ （ワット）$$

（ワット＝ジュール / 秒）

地球上1cm^2、毎分あたりおちる太陽のエネルギーはおよそ2cal$=4.2$J（数学ノート①では大気の吸収などもふくめてその半分にみつもってある）、したがって1m^{2}あたり毎秒では$8.4\times10^2\times10^2/60=1.4\times10^2$（ワット）。太陽を中心として地球を通る球面の表面積は、地球・太陽間の距離を1.5×10^{11}（m）とすれば$4\pi\times(1.5\times10^{11})^2$（m^2）、したがって太陽が毎秒発生しているエネルギーは、

$$1.4\times10^3\times4\pi\times(1.5\times10^{11})^2$$
$$=4\times10^{26}\ （ワット）$$

太陽の質量は2×10^{30}kg、よって太陽60kgあたりのエネルギー発生量は、

$$\frac{4\times10^{26}}{2\times10^{30}}\times60=0.012$$（ワット）

第3章 宇宙・素粒子・わたしたち

ノート1 本から目までの光の旅

光が30cm（＝0.3m）の距離をかけぬける時間は

$0.3 / (3\times10^{8}) = 10^{-9}$（秒）

ノート2 考える葦について

パスカルは、その著作〈パンセ〉の中で、人間はか弱い１本の葦である。しかしそれは考える葦である。宇宙は私を１点のように包み込んでしまうが、私の思考は一瞬にして宇宙を包み込むことができると語っている。この詩的な表現は、われわれの存在が、けっして時間、空間の１点にしばられているものではなく、広い時空の奥ゆきの中にあることをいったものであろう。

さて、〈もの〉や〈現象〉は、ある原因がもたらした結果として存在する。この因果性について、アリストテレスは①質料因、②形相因、③作用因、④目的因の４つを考えた。いっぽんの木を考えよう。木を生み出すための原材料、すなわち土、水分、空気、日光などが①、他の木と異なる〈この木〉を造り出すための内なるはたらきかけ、すなわち形成要因が②、木の存在を実現させるための始動作用、つまり種をまくことなどが③、そして、現在まだ存在しない未来においておこるであろう原因を現在におくこと、たとえば未来に立ち現われるであろう花や木の実を生み出す原因となるものが④である。従来の自然科学がとりあつかってきたものは主として③であったが、人間は未来を予測して現在を決定する場合もあるのだから、未来を指向した④も考えにいれなければならない。しかも④はまた②の中に一部ふくまれているわけだから、結局、私たちの存在は過去、未来をふくめて広い時空の中に浸透しひろがっているということになる。

ノート3 光の波動性と粒子性

光が小さい穴や、細いすきまを通りぬけるとき回折現象をおこしたり、たがいに干渉しあって縞模様をつくったりするのは、光が波であることの〈あかし〉である。一方、金属に照射した光が、金属の中から自由電子をたたきあしたり（光電効果）、原子に照射した光が、原子の中の電子とぶつかって散乱されたりする現象（コンプトン効果）は、光を粒子だと考えることによってきれいに説明できることから光が粒子であることの〈あかし〉であると考えられている。

ノート4 〈事実〉ということ

英語の〈fact（事実）〉という単語は、ラテン語で“造る”とか“……をする”という意味をもつ〈facere〉から生まれたものである。つまり、factの直接の原形であるラテン語の〈factum〉は“造られたもの”、“人の手によってなされたところのもの”という意味をもっている。factを形容詞化して〈factitious〉とすると“事実のような”ではなく“虚構の”とか“人為的な”あるいは“わざとらしい”などというような意味になる。

ノート5 波のエネルギー

波のエネルギーは、振動している媒質がもつ運動エネルギー（KE）と、平衡点のまわりの単振動による位置エネルギー（PE）との和であたえられるが、一般に単振動の全エネルギーは最大KE（またはPE）にひとしいことをつかって計算してみよう。

振幅x_0、振動数νの単振動を

$$X = x_0\cos(2\pi\nu t) \quad \cdots\cdots①$$

で表わせば、その速度Uは

$$U = \frac{dx}{dt} = -x_0 2\pi\nu\sin(2\pi\nu t) \quad \cdots\cdots②$$

したがって最大速度U_{max}は

$$U_{max} = 2\pi\nu x_0 \quad \cdots\cdots③$$

である。一方、振動する部分の質量をΔmとしたときの最大KE（KE_{max}）は、

$$EK_{max} = \frac{1}{2}\Delta m\cdot(U_{max})^2 = \frac{1}{2}\Delta m\cdot 4\pi^2\nu^2 x_0{}^2 \quad \cdots\cdots④$$

くわしくは、④を媒質全体について加え合わせなければならないが、波のエネルギーが、振動数νと振幅x_0の2乗に比例していることは④からよみとれる。

ノート６〈オモテ〉と〈ウラ〉

古語では〈オモテ〉は“顔”を、〈ウラ〉は“心”を意味している。“オモテをあげる”とは“顔をあげる”ことであり、“ウラやむ”は“心が病む”こと、“ウラ切る”は相手の“心を切る”こと、“ウラさびしい”といえばなんとなく“心が悲しい”ということである。いずれも古語で“なにげなく”の意味につかわれていた〈うらもなく〉からきている。ところで、顔は心がむきだしにならぬようにそれを表現しながら隠し、隠しながら表現する。いいかえれば、表情というものは、心を表現しながら隠し、隠しながら表現する複雑なプロセスだということになる。能面は人間の表情をぎりぎりの線まで抽象化しているので一見無表情であるかのようにみえるが、演能のときの光と影の中でみる表情の豊かさと幽玄な色合いにはおどろかされる。すなわち、単純さと複雑さ、あるいはオモテとウラなど対極的な概念は表裏一体となって微妙にからみあっていて、同じものの２つの表現形式、物事の２面性だと考えられる。

ノート７　地球と大気

１気圧とは、水銀柱76cmの重さに相当する力である。水銀の密度を13.6g/cm^{3}とすれば

$$13.6\times 76=1033.6\ (\mathrm{g/cm^2})$$
$$\sim 1\ (\mathrm{kg/cm^2})\ =10\ (\text{トン}/\mathrm{m^2})$$

一方、１気圧の空気の密度はおよそ1.2kg/m^{3}であるから、地表面から上空にかけての密度が一定であるとすれば、空気層の厚さdは

$$d=(10\times 10^3)/1.2\sim 8333\ (\mathrm{m})$$

となる。しかし、実際は、上空にいくにしたがって空気は希薄になり、10km上空の密度は地表面のおよそ34％、18km上空では10％、50km上空では0.08％、そして100km上空では0.00005％、すなわち地表面の100万分の１以下になる。したがって、事実上、空気が存在する範囲を上空100kmであるとすれば、それは地球の直径、すなわち12800kmの１％以下だということになる。

ノート８　曲がった世界の幾何学

平らな面の上に描かれた三角形の内角の和は180度。〈くら形〉や〈球

面〉上では、それぞれ180度よりも小さく、あるいは大きくなる。このとき、それぞれの面は〈負に〉あるいは〈正に〉曲がっている、という。また、地球を完全な球だとして、赤道上の2点から真北をめざしてたがいに平行にすすんでいくと、北極でまじわってしまう。つまり、〔平行線はまじわらない〕などという平面幾何学上の公理は曲面上ではなりたたない。

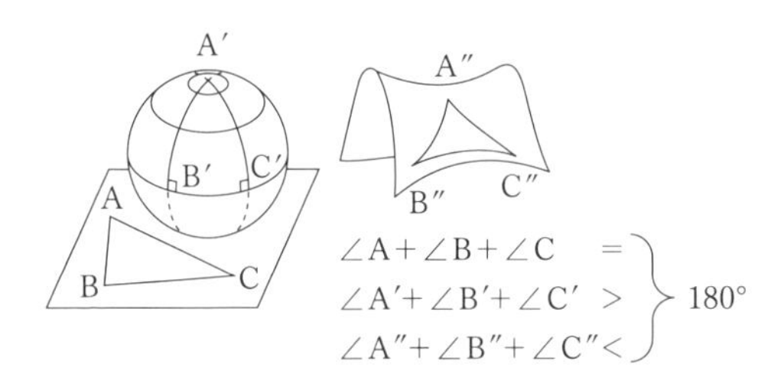

ノート9　質量とエネルギーの同等性

特殊相対性理論によれば、質量 m（kg）の物体は、光速を c（m/秒）としてエネルギー

$$E=mc^2 \text{ (J)}$$

をもつ。すなわち質量 m が消えてエネルギー E に転化したり、その逆もおこる。たとえば、太陽は、4つの水素から1つのヘリウムをつくる核反応で、0.7%の質量をエネルギーとして放出している。いいかえれば、太陽は毎秒440万トンずつ身をけずって光り輝いているということになる。一方、強いひかり（γ）が消えて、電子（e^-）と陽電子（e^+；電子の反粒子）の対をつくりだしたり〔対生成：$\gamma \to e^- + e^+$〕、逆にそれらが衝突して光になって消滅する〔対消滅：$e^- + e^+ \to 2\gamma$〕こともある。

ノート10　沈黙について

“沈黙は言葉なくしても存在しうる。しかし、沈黙なくして言葉は存在しえない。もしも言葉に沈黙の背景がなければ言葉は深さをうしなってしまうであろう”、“言葉がそこから生ずることによって初めて沈黙はおのが完成を獲得する”、“沈黙は言葉がそこから生じたのちにもなお言葉のもとにとどまっている”（M. ピカート〈佐野利勝訳〉『沈黙の世界』みすず書房より）。

さて、聴こえない音を夢見ることはできても、聴こえない音でできた音楽それ自身をみつけることはできない。しかし、聴こえなくて、聴かれることを目的としない音楽は存在可能である。なぜなら、音がとだえたときにはじめてひびく音は聴かれることを目的としない音であり、それはたしかに存在するし、それによって聴き手はこの世界のいとなみをひとつの音楽として彩り表現することはできるからである。たとえば、真空の中の“ぬけがら”が物質としてふるまうように。音楽もまた、言葉とおなじように、沈黙の上になりたっている。

ノート 11　反粒子

粒子、反粒子は同じ質量、寿命をもつが、それらがもつ電荷や磁気モーメント（小磁石であるかのような性質）、そのほかストレンジネスとよばれる性質などはおたがいに反対符号である。とくに、陽子や電子のような（スピン 1/2 をもつ）粒子の場合には、量子論と相対性理論を融合させたディラックの方程式によって反粒子の存在が要求される。

ノート 12　地球とりんご

地球の直径はおよそ 12800km（くわしくいえば、赤道半径として 6378136±1m）。その 1 億分の 1 は 12.8cm、〈りんご〉の大きさに近い。一方、分子の大きさは、およそ 10^{-8} ～ 10^{-7}cm。それを 1 億倍すると〈りんご〉の大きさくらいになる。

一般に物質 1 モルの中にふくまれる分子数は $(6.0221358 \pm 0.0000041) \times 10^{23}$ で〈アヴォガドロ数〉とよばれる。0℃、1 気圧の気体 1cm^3 の中にふくまれる分子数は 2.6869×10^{19} で〈ロシュミット数〉とよばれる。水 1 モルはおよそ 18g、その体積はおよそ 18cm^3、その中にふくまれる水分子数はおよそ 6×10^{23} 個であるから、1 分子のおよその大きさ D は、1 分子がしめる体積の 3 乗根をとって、

$$D = \sqrt[3]{18/(6 \times 10^{23})} = \sqrt[3]{30 \times 10^{-24}} - 3 \times 10^{-8} \ \text{(cm)}$$

ノート 13　分子の大きさ、原子の大きさ

水素、酸素の原子半径は、それぞれ 0.37Å、0.61Å〔1Å（オングストローム）＝10^{-8}cm〕である。2 つの原子が結びついて分子をつくったときの原子の中心から中心までの距離はそれぞれ 0.741Å、1.207Å である。水の分子

は1つの酸素原子の両側に、およそ104.5°の角度で2つの水素原子が手をつないで〈やじろべえ〉のような形をしており、水素、酸素原子は、およそ1Åの距離にある。

ノート14 〈さくらんぼ〉と原子核

典型的な原子の大きさは3×10^{-8}cm、典型的な原子核の大きさは3×10^{-13}cm、すなわち原子は原子核のおよそ10^5（10万）倍の大きさである。したがって、原子の大きさを1kmとすれば、原子核はその10万分の1の大きさで、およそ1cm、〈さくらんぼ〉くらいの大きさになる。一番小さな原子核は水素原子核、すなわち陽子で、大きさは8×10^{-14}cm、質量は1.67×10^{-24}g、したがって陽子の密度は$1cm^3$あたり8億トンになる。

ノート15 電子の波動性、粒子性

一般に、振動数ν（1/秒）をもつ光は、プランク定数をh〔$=6.63\times10^{-34}$(J•秒)〕として、エネルギー$E=h\nu$（J）をもつ粒子のようにふるまい、エネルギーEをもつ光は運動量$p=E/c=h/\lambda$（kg•m/秒）〔λは波長、cは光速〕をもつ粒子のようにもふるまう。これは逆に考えれば、運動量pをもつ粒子は波長$\lambda=h/p$（m）をもつ波のようにふるまうともいえる。実際、質量m（kg)、電荷e（c）をもつ電子を加速電圧V（Volt）で加速したときの速度をv（m/秒）とすれば

$$E=\frac{1}{2}mv^2=e\mathrm{V}\ \text{(J)}$$

$$p=\sqrt{2me\mathrm{V}}\ \text{(kg•m/秒)}\ 〔p=mv〕$$

したがって、$\lambda=h/\sqrt{2me\mathrm{V}}$（m）の波長をもつ波としてふるまう。たとえば、150Vで加速された電子がもつ波長はおよそ1Åである。可視光の波長は3800Å（赤）～7700Å（紫）の範囲にあり、電子の波長はそれよりもはるかに小さいので、電子線をつかった電子顕微鏡は、より小さいものをみることができる。

ノート16 パイオン

原子核をまとめるパイオンには、プラス電荷をもったπ^+（$u\bar{d}$）とマイナス電荷をもったπ^-（$\bar{u}d$）がある。くわしくいえば、陽子から中性子にとぶのがπ^+、中性子から陽子にとぶのがπ^-である。このほか、$u\bar{u}$と$d\bar{d}$がま

ざった電荷をもたない π^0 もある。ここでクォーク記号の上の－は反クォークを示す。なお、π^+ は π^- の反粒子である。

ノート17　クォーク

一般に、３つのクォークからつくられる素粒子を〈ハドロン〉、２つのクォーク（そのうち１つは反クォーク）からつくられるものをメソン（中間子）とよんでいる。クォーク（Quark）という単語は、今世紀最大の難解な文学といわれているJ. ジョイス（James Joyce）のフィネガンス徹夜祭（Finnegans Wake）第２部４章のはじめにある３行詩の中にある。Three quarks for Muster Mark！／Sure he hasn't got much of a bark／And sure any he has it's all beside the mark. この〈海鳥（かもめ？）が３声鳴いた〉という、３という数字がなにを意味しているのか、その謎解きは楽しいが、クォークが物理学者ゲルマン（Gell-Mann）によって初めて導入されたとき、u、d、s の３個がそのすべてであると考えられていたこと、さらにそれぞれのクォークには３つの〈カラー（色)〉とよばれる性質があることなどは偶然の一致なのだろうか？　ふつう、クォークの種別は、まず、u、d、……などの違い、すなわち〈フレーバー（香り)〉とよばれる性質を指定し、つぎにその〈カラー〉が赤、緑、青のいずれかであるかを指定すればきまる。

ノート18　中性子の崩壊

自由な中性子（n）は、陽子（p)、電子（e^-）そして反ニュートリノ（$\overline{\nu}$）にこわれる（β 崩壊という)。

$$n \rightarrow p + e^- + \overline{\nu}$$

これは、中性子の静止質量（939.5731MeV）が陽子と電子の静止質量の和 {(938.2796＋0.5110034) MeV} より大きいために、その差のおよそ0.8MeV が電子とニュートリノの運動エネルギーとしてもちさられることによる。ここで1MeV（メヴ）とは1MV（メガヴォルト＝100万ヴォルト）で加速された電子がもつエネルギー（$=1.6\times10^{-13}$J）であるが質量とエネルギーの関係、すなわち $m=E/c^2$ をつかって素粒子の質量を表わしたものである（$1\mathrm{MeV}/c^2=1.78\times10^{-30}$kg)。ところで、原子核の中ではいちばんエネルギーが低くなるような比率で陽子と中性子がまざりあっているから、中性子がこわれて陽子にかわることはできない。しかし、原子核に外から中性子をぶつけて原子核のエネルギーをたかめてやると崩壊がおこることがある。

ノート19　宇宙開闢の詩
（ナーサッド・アーシーティア讃歌）

“そのとき（太初において）無もなかった（nāsad āsīt)。有もなかった。空界もなかった。その上の天もなかった。……そのとき、死もなかった。不死もなかった。夜と昼とのしるし（太陽や月、星）もなかった。かの唯一物(創造の根本原理）はみずからの力により風もなく呼吸していた。”（紀元前1200年頃に書かれたインド最古の文献リグ・ヴェーダ讃歌、第10巻、第129歌の第1、第2詩節より)。“はじめに神は天と地を創造された”という旧約聖書の書き出しの部分とまことに対照的である。現代宇宙論における宇宙のはじまりは〈ビッグ・バン（光の大爆発)〉とよばれているが、物理学としてきちんとさかのぼることができるのは〔量子的ゆらぎによって無から！〕というところまでである。

ノート20　粒子をあつめる力

2つの等しい粒子A、Bが空間の2点X_A、X_Bにあるとき、この2粒子系の振る舞いはX_A、X_Bの関数であって、2粒子間の距離$X=X_A-X_B$に依存するのでそれを$\Psi(X)$（くわしくいえばこれは波動関数）と書こう。ここで、粒子としての性質は波の振幅の2乗であたえられる（波動関数の2乗はその粒子がその場所に見いだされる確率に比例する）ことを思い出そう。2つの粒子は交換しても見分けがつかないのであるから

$$|\Psi(X_A-X_B)|^2=|\Psi(X_B-X_A)|^2$$

すなわち、$|\Psi(X)|^2=|\Psi(-X)|^2$

これより、$\Psi(X)=\Psi(-X)$　……①

または、$\Psi(X)=-\Psi(-X)$　……②

つまり①は2粒子が重なる傾向があること（引力を感じる！）を、②はその逆で、一定の間隔を保とうとする傾向（反発力を感じる！）があることを示している。

すなわち、①は粒子交換によって粒子同士の結合をうながすものであり、②はたとえば2つの原子の電子を共有しながら、それぞれ一定の距離を保ちつつ、原子をおしつぶすことなく分子を形成していく力を生み出すものである。フォトン、メソンなどは、①の性質をもち（スピンが整数)、電子、陽子などは②の性質をもつ（スピンが半整数）粒子である。

ノート 21　エネルギーの物質化

物質を結びつけ、つくっている力は、その階層構造がこまかくなればなるほど大きくなる。つまり、より小さい構造をみるためには、より大きな力でそれを分解してみなければならない。ところが、エネルギー E は光速を c とすれば質量 $m=E/c^2$ に転化して、新しい物質を生み出してしまうことがある。いいかえれば、大きな力で相手をこわしてその構成要素をくわしく調べようとすればするほど、別の新しい物質をつくりだすことになる！　物質をこまかくわけて調べようとするときには原理的に限度があるということだ。もともと、物理学というものは、自然という現実的な実体をとりあつかう存在論的学問であると信じられてきたが、その実体をこまかくわけて考えることができない以上、全体をおおう数学的形式としてとりあつかう以外方法がなくなってしまう。いいかえれば“もの”それ自身よりも“もの”と“もの”との〈関係性〉において世界を理解せざるをえない、ということになる。しかもその場合の数学的記号は、そこに存在する実体に対応するのではなく、観測されたデータに対応するにすぎない。

ノート 22　２つの時間論から

Ｉ．〔ではいったい、時間とは何でしょうか。……私たちが会話のさい、時間ほど親しみ深く熟知のものとして言及するものは何もありません。それについて話すとき、たしかに私たちは理解しています。人が話すのを聞くときも、たしかに私たちは理解しています。ではいったい時間とは何でしょうか。だれも私にたずねないとき、私は知っています。たずねられて説明しようと思うと、知らないのです。しかし、〈私は知っている〉と、確信をもっていえることがあります。それは、〈もし何ものも過ぎ去らないならば、過去の時はないであろう。何ものもやってこないならば、未来の時はないであろう。何ものもないならば、現在の時はないであろう〉ということです。ではこの２つの時間、過去と未来とは、どのようにしてあるのでしょうか。過去とは〈もはやない〉ものであり、未来とは〈まだない〉ものであるのに、また現在は、もしいつもあり、過去に移り去らないならば、もはや時ではなくて、永遠となるでしょう。ですから、もし現在が時であるのは過去に移り去っていくからだとするならば、〈現在がある〉ということも、どうしていえるのでしょうか。現在にとって、それが〈ある〉といわれるわけは、まさしくそれが〈ないであろう〉からなのです。すなわち、私たちがほんとうの意味で〈時がある〉といえるのは、まさしくそれが〈ない方向に向かっている〉からなのです。(アウグスティヌス『告白』第11巻、第14章より)〕ここでは時が流れるという感覚は、たとえば、歌を歌おうとするとき、まず歌全体についてその未来を①〈期待〉し、身構え、歌いはじめるとその未来の〈期待〉は現在の②〈注意〉作用により過去の③〈記憶〉へと投げ入れられるというような心の3つの作用によって生ずると考える。

II.〔すでに去ったもの(已去)は去らない。まだ去らないもの(未去)も去らない。さらに〈すでに去ったもの〉と〈未だ去らないもの〉とを離れた〈現在去りつつあるもの(去時)〉も去らない。(ナーガールジュナ『中論』第2章より〕 これは〈去時〉をつきつめていくと〈已去〉、〈未去〉のいずれかにふくまれてしまうことを前提にしている。結局、時が流れるというよりも、時にのったものがつぎつぎに生起しているのであって、それをみずからの行いによって主体的にきりとりつつ“自分の時間”をつくっているというのであろう。

ノート23 単振り子

長さlの糸の先につるされた質量mのおもりの運動をしらべる。糸が鉛直方向となす角度をθとすれば、円弧CPの長さSは、

$$S=l\cdot\theta$$

よって、円周方向の加速度aは、

$$a=\frac{d^2S}{dt^2}=\cdot l\frac{d^2\theta}{dt^2}$$

一方、おもりに作用する重力の円周方向の大きさは$mg\cdot\sin\theta$で、この力はつねにθのへる方向に作用する。そのため、円周上でθの増す方向に加速する力fの大きさは

$$f=-mg\cdot\sin\theta$$

運動方程式:質量×加速度=力より、

$$\frac{d^2\theta}{dt^2}=-\frac{g}{l}\sin\theta$$

θが小さいとして、$\sin\theta\sim\theta$とすれば、

$$\frac{d^2\theta}{dt^2}=-\left(\frac{g}{l}\right)\cdot\theta$$

これより、$\theta=\theta_0\cos\left[\sqrt{\frac{g}{l}}t\right]$

ここで $t=-t$ にしても式の形はかわらない（過去と未来の区別がない！）。

$\sqrt{\frac{g}{l}}t$ が 2π すすめばもとにもどることから、

周期 T は $2\pi\sqrt{\frac{l}{g}}$、

おもりの質量にも振幅にもよらず一定である。ここで g は地球の重力加速度。

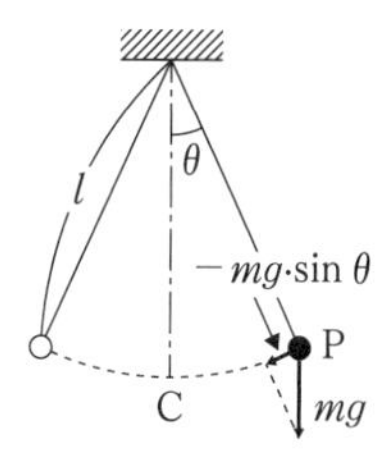

ノート24　時間の矢

時間の経過は〈乱雑さ〉の増しかげんで定義することもできる。この〈乱雑さ〉は熱力学や統計力学では〈エントロピー〉：S という量で定義される。ボルツマン定数を k（$=1.38\times10^{-23}$J/K)、考えている系がとりうる〈場合の数〉を W とすれば、

$$S=k\log W$$

であたえられる。いま、N 個の気体分子が体積 V の箱の真ん中に〈しきり〉をつけて、箱の左側半分に閉じ込められていたとしよう。このとき、$W=1$、したがって、S（はじめ）は0。つぎに、〈しきり〉をはずして N 個のうち x 個の気体分子が箱の右側半分にあるときの〈場合の数〉は NCx、したがって、S（途中）は $k\log(N!/x!(N-x)!)$。ここで x を変数とみなして S の最大値をもとめてみると（$ds/dx=0$)、$x=N/2$ すなわち箱全体に一様にひろがったときの S（おわり）が最大になり、その値は $Nk\log2$ である。ただし、対数の微分には、N が十分大きいとして〈スターリングの公式〉：$\log N!=N\log N-N$ をつかえばよい。つまり、時間の矢は S の増加する

方向をむいている。

ノート25　月の重力と地球の潮汐

地球の海洋面積はおよそ3億6100万km^2で、地球表面積のおよそ70.8%である。平均深度は3795m。さて潮汐満干の平均差は0.54m。したがって、潮汐によって移動する海水の量は、

$$3.61\times10^{14}\times0.54=1.95\times10^{14}\ (m^3)$$

海水1m^3あたり1トンとすれば195兆トンの海水が1日に2回ずつ移動することになる。この力はおよそ120京（1兆120万倍）馬力！　この潮汐は地球の自転にブレーキをかけ、1日の長さを1億分の1秒ずつのばしている。一方、月はその反作用（角運動量の保存法則による。つまり、地球自転の角運動量が減少すると、そのぶん月の公転の角運動量は増大する）で1ヵ月に8mmずつ地球から遠ざかっている！　月と地球はその昔とても近くにいたらしい！

ノート26　超新星とニュートリノ

星は核反応によって、水素からヘリウムを、ヘリウムは炭素や酸素をつくるが、重い星では、炭素はさらにネオン、ナトリウム、マグネシウムを、そして酸素はケイ素、イオウ、ニッケル、鉄などをつくる。しかし、炭素や酸素が不足してくると、星の中心部では、星の質量をささえるだけの熱エネルギーをつくることができなくなり、星は収縮しはじめ、中心部から核反応でつくられる巨大なニュートリノの滝がいきおいよくふきあがり、星の上層部をふきとばしてしまう。これが〈超新星（スーパーノヴァ）〉である。この爆発によって光度を増した星は、地球からみるとあたかも新しい星が突然うまれたかのようにみえる。1054年7月4日、牡牛座に現われた〈超新星〉は月の明るさくらいに何週間も輝いたらしい。大爆発のあとの姿は、有名な〈かに星雲M1〉として、いま7000光年のかなたにみることができる。

ノート27　人間原理

われわれが、宇宙のこの場所にいるのは、でたらめにそうなったのではなく、われわれがここに存在するのに必要な条件によって淘汰された結果であって、したがって、われわれの宇宙が現在のような姿をしているのは、われわれが存在しているからである。つまり宇宙が知能ある観測者、すなわちわ

れわれをかくまっているという事実が、宇宙のはじまりの多種多様さと宇宙の進化を制御する物理法則に一定の枠をはめている。いいかえれば、われわれが生きている世界は必然的にわれわれが今生きているこの世界それ自身でなければならないのであって、それは存在可能だったかもしれない多くの宇宙の中で唯一最善のものであり、〔宇宙が観測者の創造の基本であるという従来からの考えに対して〕観測者の存在こそが宇宙の創造の基本であると考えることもできる。すなわち、未来は過去から演繹されるという従来方法に対して、過去そのものの未来にもとづいてその過去を予測しようとするもので〈人間原理（anthropic principle）〉とよばれる新しい宇宙論的な分析方法の考え方である。

理解を深めるための読書案内

第１章　宇宙・不思議ないれもの

1）**佐藤勝彦『NHK「100分de名著」ブックス アインシュタイン 相対性理論』**（日本放送出版協会）

相対性理論全般にわたって、きわめて平易に解説。

2）**佐治晴夫『14歳のための物理学』**（春秋社）

物理学の基本となる力学について、運動、エネルギーに重点をおいて話し言葉で平易に解説。

3）**福江純『ゼロからのサイエンス よくわかる相対性理論』**（日本実業出版社）

高校数学の範囲で、相対性理論の基本を軽快に解説した入門書。

さらにくわしく学ぶために

4）**二間瀬敏史ほか『なっとくする相対性理論』**（講談社）

相対性理論の全容について、数学的手法も含めて、簡潔にわかりやすく解説。

5）**リリアン・R・リーバー／水谷淳訳『数学は相対論を語る』**（ソフトバンククリエイティブ株式会社）

アインシュタイン自身も絶賛したという名著で、詩的な言葉と数学的な感覚で解説。

第２章　素粒子・この小さな宇宙

6）**佐治晴夫『量子は不確定性原理のゆりかごで宇宙の夢をみる』**（トランスビュー）

光の不思議に焦点をあてながら、量子力学の真髄を担う不確定性原理の理解をとおして量子の世界から宇宙の不可思議までを講義風の口調でやさしく解説。

7）**ヒッポファミリークラブ編『量子力学の冒険』**（言語交流研究所）

物理、数学に関してはまったく素人の集団が、ゼミをとおして、計算過程も含めて量子力学の本質に迫っていくきわめてユニークな著作。

8) **竹内薫『ゼロから学ぶ量子力学』**(講談社)

会話形式で、いつのまにか量子論の世界に誘われてしまうユニークな著作。

さらにくわしく学ぶために

9) **小出昭一郎『量子論』、『量子力学』Ⅰ・Ⅱ**(裳華房)

大学の文系教養課程から専門課程への入門テキストとして懇切丁寧な著作。

10) **都筑卓司『なっとくする量子力学』**(講談社)

量子力学全般を理解する入門書としてコンパクトにまとめられた好著。

第3章　宇宙・素粒子・わたしたち

11) **佐治晴夫『14歳のための時間論』**(春秋社)

宇宙論においては欠かすことのできない時間の不思議さを一週間、毎日七回の講座形式で叙情的に解説。

12) **竹内薫『よくわかる最新宇宙論の基本と仕組み』**(秀和システム)

豊富な図解で、宇宙全体の仕組みをやさしく解説。

13) **二間瀬敏史『なっとくする宇宙論』**(講談社)

現代の宇宙論について、通常の解説本を超えた明快さでまとめた好著。

さらに天文学全般についての入門書として

14) **ジャストロワ・トンプソン/佐藤文隆ほか訳『天文学』**(共立出版)

天文学全般について、ゆっくりと勉強したい人のために書かれたエレガントな入門書。

15) **米山忠興『教養のための天文学講義』**(丸善株式会社)

文学作品などもまじえながら天文学全般について平易にまとまられた好著。

そのほか全般的な参考図書

16) **佐治晴夫ほか『思惟する天文学——宇宙の公案を解く』**（新日本出版社）

日本における天文学、宇宙論研究者10人が語るエッセー風宇宙論入門。

17) **F・カプラ／吉福伸逸ほか訳『タオ自然学』**（工作舎）

宇宙の不可思議さについて、東洋哲学に魅せられた理論物理学者が描いたユニークな講義。

18) **吉野源三郎『きみたちはどう生きるか』**（岩波書店）

昭和初期に哲学徒と少年との間にかわされた往復書簡の形で書かれた人生論ノート。

著者紹介

佐治晴夫
(さじ・はるお)

1935年東京生まれ。理学博士(理論物理学)。日本文藝家協会会員。東京大学物性研究所、
玉川大学、県立宮城大学教授、鈴鹿短期大学学長を経て、同短期大学名誉学長。
大阪音楽大学大学院客員教授。丘のまち美宙(MISORA)天文台台長。
無からの宇宙創生に関わる「ゆらぎ」研究の第一人者。
NASAのボイジャー計画、"E.T.(地球外生命体)"探査にも関与。
また、宇宙研究の成果を平和教育のひとつとして位置づける
リベラル・アーツ教育の実践を行ない、その一環として、
ピアノ、パイプオルガンを自ら弾いて、全国の学校で特別授業を行なっている。
主な著書に『宇宙の不思議』(PHP研究所)、『おそらにはてはあるの?』
『夢みる科学』(以上、玉川大学出版部)、『二十世紀の忘れもの』(松岡正剛との共著/雲母書房)、
『「わかる」ことは「かわる」こと』(養老孟司との共著/河出書房新社)、
『からだは星からできている』『女性を宇宙は最初につくった』
『14歳のための物理学』『14歳のための時間論』『それでも宇宙は美しい!』(以上、春秋社)、
『THE ANSWERS—すべての答えは宇宙にある!』(マガジンハウス)、
『量子は不確定原理のゆりかごで宇宙の夢をみる』(トランスビュー)など多数。

14歳(さい)のための宇宙授業(うちゅうじゅぎょう)

相対論と量子論のはなし

2016年 7月31日　初版第1刷発行
2019年10月15日　初版第5刷発行

著者
佐治晴夫

発行者
神田　明

発行所
株式会社 春秋社
〒101-0021 東京都千代田区外神田 2-18-6
Tel 03-3255-9611(営業)
03-3255-9614(編集)
振替 00180-6-24861
http://www.shunjusha.co.jp/

装丁者
河村 誠

印刷製本
萩原印刷株式会社

ISBN 978-4-393-36062-0 C0010